U0166973

冲压成形中的摩擦学

王武荣 韦习成 著

科学出版社

北京

内 容 简 介

冲压成形技术广泛应用于汽车生产领域。在先进高强钢冲压成形过程中，板料发生塑性变形的同时与模具之间产生摩擦、磨损和擦伤，这正是冲压生产过程中造成废品或模具损耗的重要原因。因此，本书对冲压成形中的摩擦进行科学分析，通过对摩擦耦合变形条件下和额外冷却条件下高温摩擦的研究，更直观和真实地模拟板材在成形过程中的表面马氏体相变、拉毛损伤行为及其与模具的摩擦行为，总结板材成形过程中摩擦、磨损的作用规律和影响因素，指出模具表面改性的方法。

本书可供高等院校材料加工工程相关专业的本科生、研究生以及从事金属成形领域和摩擦学领域技术研究、生产或设计等的科技人员参考。

图书在版编目（CIP）数据

冲压成形中的摩擦学 / 王武荣，韦习成著. —北京：科学出版社，2020.11
  ISBN 978-7-03-066419-8

Ⅰ. ①冲… Ⅱ. ①王… ②韦… Ⅲ. ①冲压-摩擦 Ⅳ. ①TG38

中国版本图书馆 CIP 数据核字（2020）第 200061 号

责任编辑：周 炜 陈 婕 罗 娟 / 责任校对：杨聪敏
责任印制：吴兆东 / 封面设计：蓝正设计

科 学 出 版 社 出版
北京东黄城根北街 16 号
邮政编码：100717
http://www.sciencep.com
北京九州迅驰传媒文化有限公司 印刷
科学出版社发行 各地新华书店经销
*
2020 年 11 月第 一 版 开本：720 × 1000 B5
2021 年 1 月第二次印刷 印张：13 1/4
字数：264 000
定价：98.00 元
（如有印装质量问题，我社负责调换）

前　　言

金属薄板冲压成形加工具有生产率高、成本低的优点，广泛为制造业所采用，在国民经济中占有相当重要的地位。近 20 年来，进一步提高成形效率和降低成本已成为工程界和学术界共同关注的焦点。冲压成形过程中最大的损耗来自板料和模具的摩擦、磨损与拉毛。摩擦力是冲压成形工艺中必然出现的外载荷之一，恰当利用时，可起到改善板材成形性能和提高产品质量的效果；但若用之不当，会造成模具损耗加快和成形件废品率增高等问题。因此，本书以冲压成形中的摩擦学问题为主线，在对冲压成形过程进行科学分析的基础上，通过对耦合变形的摩擦行为和额外冷却条件下的高温摩擦行为进行研究，更直观和真实地模拟成形过程中的板材表面马氏体相变、拉毛损伤和板材与模具的摩擦磨损过程及机理，总结成形过程中摩擦磨损的作用规律和影响因素，并介绍模具表面改性技术在冲压成形过程中的作用和贡献。本书内容不仅对成形过程中的摩擦学研究具有学术指导价值，而且对实际冲压成形过程中的摩擦参数选择和模具延寿具有工程指导价值。

日益激烈的市场竞争使得冲压成形工艺日趋复杂化、材料日益多样化，对冲压成形过程提出了越来越高的要求，这成为研究人员与学者不断揭开冲压成形工艺中的"黑匣子"——冲压成形中摩擦学的动力和源泉。本书作者所在课题组在国内率先开展了冲压成形中耦合板料变形行为的摩擦学研究及其模拟试验机的创新设计。研究工作相继得到国家自然科学基金(基于马氏体转变行为的亚稳奥氏体不锈钢板成形过程的摩擦学优化研究(50675128)、滑动摩擦诱发的变形层组织结构演化及表征(50975166)、先进高强钢板成形中摩擦行为及拉毛损伤机理研究(51475280))、上海汽车工业科技发展基金(铝合金热成型技术及其在国产铝板上的应用(1610))等项目以及上海汽车(集团)股份有限公司乘用车公司等企业的资助。本书是作者在总结十多年的科学研究、技术开发、教学和生产实践经验基础上撰写而成的。

本书共 7 章。第 1 章简要介绍冲压成形中的摩擦学知识及摩擦磨损试验机的设计基础，并对当前主流摩擦磨损试验方法进行综述；第 2 章介绍作者自主设计的耦合变形的板带式摩擦磨损试验机及其试验方法，用于模拟金属板带在冲压过程中耦合变形的摩擦过程；第 3～6 章基于板带式摩擦磨损试验方法，分别介绍耦合变形的摩擦条件下摩擦表面的马氏体相变、热镀锌高强度钢的拉毛损伤、模具的表面改性和基于变摩擦系数模型的回弹研究；第 7 章介绍模拟热成形过程中的高温板带摩擦试验方法，以及热冲压成形过程中合模初期热成形钢和热作模具钢之间的高温摩擦行为及机理。

　　本书由韦习成教授、王武荣教授负责组织和策划，陈世超、吴佳松、蒋怡涵等参与编撰和成稿工作，韦习成教授对全书进行了修改和审定。经过两年多的艰辛付出，终于付梓，希望全体同行能够分享作者在冲压成形中的摩擦学研究领域的成果。

　　特别感谢香港城市大学孟华教授、华东理工大学机械与动力学院高志教授和武汉材料保护研究所李健教授在耦合变形的摩擦试验机设计、制造与调试过程中提出的很多宝贵意见和建议。同时感谢薛宗玉、周升、武婵娟、王凯、赵玉璋、郑先坤、郭梦轩、高凯翔、宋东东和刘健康等学生在与本书内容相关的研究中所做的创新性工作，这是本书得以出版的基础。此外，在撰写本书的过程中，参考了一些相关的文献，并在书中列出，也感谢这些文献的作者。

　　本书力图反映十多年来作者所在课题组在冲压成形领域的摩擦学研究的最新成果和国内外专家学者的研究成果，但鉴于作者的学识和经验有限，许多理论和实际问题尚待进一步认识，书中难免存在不妥之处，殷切期望读者批评指正，以便不断补充修改和完善。

目　　录

第1章　冲压成形中的摩擦学概论

1.1　摩擦学基础知识

摩擦是自然界存在的一种普遍现象，人们很早就知道摩擦的存在。钻木取火是人类第一次利用摩擦。早在 1781 年，法国物理学家库仑就提出了摩擦三定律。但是作为一门科学，摩擦学在1966年后才发展形成一门学科体系，摩擦学(tribology)一词也是在 1966 年后才开始出现。Tribology 是由希腊字 tribos(摩擦)派生而来的，意思是摩擦的科学。摩擦学是研究相互作用表面在相对运动时的有关科学、技术和实践，其主要研究内容是相互作用表面发生相对运动时的摩擦、磨损和润滑。

1.1.1　摩擦

两个相互作用的物体在外力作用下发生相对运动时所产生的阻碍运动的阻力称为摩擦力，这种现象称为摩擦。产生摩擦应具备三个条件：①两个物体(或一个物体的两部分)；②相互接触；③相对运动或具有相对运动趋势。只要具备上述三个条件，摩擦就存在，这是不以人的意志为转移的。

根据两接触物体状态不同，摩擦可以是固体与固体的摩擦、固体与液体的摩擦和固体与气体的摩擦，如图 1.1 所示。

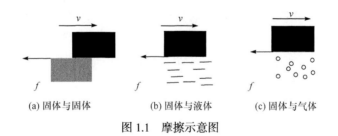

(a) 固体与固体　　　　(b) 固体与液体　　　　(c) 固体与气体

图 1.1　摩擦示意图

1.1.2　磨损

摩擦副之间发生相对运动时引起接触表面的材料迁移或脱落的过程称为磨损，如图1.2所示。这一过程往往还伴随有摩擦热的产生，磨损和摩擦热是摩擦的必然结果。同样，磨损也是伴随摩擦必然存在的，只不过在有些特殊条件下磨损非常小，可忽略不计。

(a) 迁移　　　　　　　　　　(b) 脱落

图 1.2　磨损示意图

1.1.3　润滑

在两物体相对运动表面之间施加润滑剂，以阻隔或减少接触表面间实际接触导致的摩擦和磨损。其中，润滑剂包括润滑油、润滑脂、薄膜材料(黏结干膜、镀膜、陶瓷膜等)和自润滑材料。可见，润滑与摩擦、磨损不同，是人为和有目的的行动，其目的就是试图减少接触表面间的摩擦和磨损，或者是控制摩擦和磨损。

过去对摩擦、磨损及润滑的研究仅从各个方面孤立地进行。实践表明，在相互接触表面发生相对运动产生摩擦的同时，运动表面在摩擦过程中也将发生一系列物理、化学、力学和热力学等方面的变化，因而摩擦学是涉及数学、物理、化学、力学及热力学、冶金、材料、机械工程、石油化工等多学科领域的综合性学科。回顾过去近 40 年的摩擦学发展，如果要划分摩擦学的学科构成，在考虑相当大的重叠情况下大致可划分如下：①材料科学与工程，40%；②机械工程，30%；③润滑工程与润滑剂，20%；④其他，包括状态监控、故障诊断、仪器仪表、摩擦学数据库等，10%。

1.2　冲压成形中的摩擦

冲压是利用压力和模具来迫使金属板材产生塑性变形或使之分离，从而获得一定形状的零件的成形方法，如大部分金属薄板都是通过冲压加工成各种零件和商品的，该方法是材料成形中广泛采用的工艺方法之一。冲压的基本工序有分离和变形两大类，其中金属板材变形又分为弯曲、拉深、成形和挤压四类[1]。冲压的分类具体如图 1.3 所示。

板料成形过程中，板材与模具之间发生相对运动必然伴随着摩擦行为，摩擦力也是金属板材成形中重要的外力之一，目前有些成形方法还是利用摩擦力作为主作用力。然而，摩擦对冲压过程的冲压力大小、成形极限、回弹量以及成形件和模具表面质量产生影响。采用工艺润滑不但可以有效控制摩擦，改善冲压制品质量，延长模具寿命，而且可以利用摩擦补偿材料成形性的不足，充分发挥模具的功能。另外，在某些条件下，润滑效果的优劣又是冲压过程顺利进行与生产合格产品的关键。特别是目前冲压工艺向高速化、连续化和自动化方向发展，对冲压制品的表面质量与尺寸精度的要求越来越高，进而对冲压过程中的摩擦控制与工艺润滑提出了更高要求，具体与冲压润滑有关的技术发展动向见表 1.1。

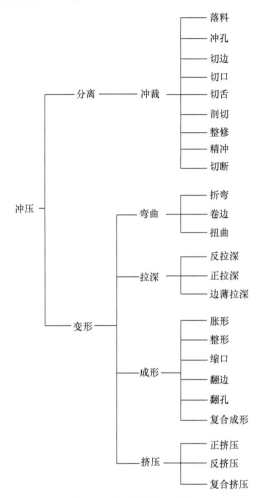

图 1.3　冲压分类示意图

表 1.1　与冲压润滑有关的技术发展动向

项目	发展动向	工艺要求	希望的冲压油
材料	轻量化 防锈 改善环境	高强度钢板、铝合金板增加 表面处理板增加，如镀锌钢 板采用自润滑钢板	防止烧结性好的油 不生白锈的油(非氯系油) 产生粉末少的油
生产效率	生产量增加 自动化 多种少量生产	高速化 连续自动化冲压机采用柔性生产线	水溶性油、低黏度油 低黏度油 生产通用油、专用油
产品形状	轻量化 形状复杂化	小型化 薄壁化	防止裂纹、擦伤的油 防止裂纹、擦伤的油
工作环境	环境保护 人身健康	防止空气污染 防止伤害皮肤	水溶性油、极低黏度油 非氯系油、高精制基础油

1.2.1　冲压成形工艺

冲压是金属塑性成形的基本方法之一，是利用安装在压力机上的模具对板材施加压力，使其产生分离或塑性变形，从而获得所需的一定形状、尺寸和性能零件的一种压力加工方法。冲压成形加工主要在常温下和高温下进行，分别称为冷成形和热成形。冲压不但可以加工金属材料，还可以加工非金属材料。冲压成形广泛应用于汽车、航空航天、军工、电机、仪表、家用电器等工业生产部门。冲压生产中使用的模具称为冲压模具，或简称冲模，它是把板料加工成设计的冲压件的一种工艺装备。冲模材料及其设计制造水平和表面质量直接影响冲压件产品的质量[2]。

冲压加工与机械加工等其他加工方法相比较，在技术与经济方面有如下特点。

(1) 冲压生产具有质量轻、强度高、表面成形质量好的优点。特别是对于经过塑性成形产生大变形后形状复杂的大型薄板件，可以大幅度提高刚度，以满足飞机、汽车及工程机械等外覆盖件的使用要求，如汽车外覆盖件的车门和顶盖及前围等。同时，冲压生产可加工各种类型的板材冲压件，尺寸小至钟表零件的秒针，大至飞机机身和汽车纵梁等。

(2) 冲压成形生产零件或产品的操作过程并不复杂，但由于冲压件的形状、尺寸精度依赖于模具设计制造和加工精度，通过合适措施可排除操作者技术水平和工作状态对冲压件质量的影响。因此，冲压零件质量稳定，互换性好。一般冲压件的精度可达 IT10～IT11 级，精冲可达 IT6～IT9 级；一般弯曲、拉深件的精度可达 IT13～IT14 级。

(3) 冲压加工和车铣刨磨等机械加工不同，其分离工序一般是对金属板材进行裁剪，因此是少屑甚至是无屑加工，材料利用率高，无须再加工。通常材料利用率可达 70%～80%，可节约大量金属材料，采用计算机优化排样技术可获得更高的材料利用率，从而大大降低冲压件的材料成本。

(4) 生产效率高。一般的压力机每分钟可生产几件到几十件冲压件，高速压力机每分钟可生产几百到上千件冲压件。

(5) 冲压成形工艺的劣势在于：①冲压模具对应相应的冲压工序，专用性强，冲模设计制造周期相对较长，有时生产一个复杂的冲压件(如车身的车门等)需要数套模具，制造成本和技术要求高，结构比较复杂，不适合小批量多品种冲压件产品的生产，更适合大批量生产，才能获得较高的经济效益；②冲压件的精度取决于模具的结构设计和模具零件制造及安装水平，如果冲压件精度过高，冲压成形就难以实现；③冲压成形虽然对操作者技术要求不高，操作时动作相对简单，但冲压设备，如机械式压力机工作时，设备的振动和噪声大，手工操作时，尤其是计件操作，压力机滑块与安装在压力机滑块上的模具重复上下往复运动，导致操作过程单调和劳动强度大。

1.2.2　冲压成形中摩擦的特点

摩擦对板材冲压成形的作用也像摩擦在自然界中的作用一样重要。无论利弊，始终存在。例如，在金属成形过程中，一方面，板材与模具表面不可能绝对光滑，在两相对滑动的接触面必然存在外摩擦；另一方面，板材的塑性变形过程中，金属内部原子、晶界、相界间也会产生相对运动或位移，即存在内摩擦。因此，摩擦不可避免地始终存在于成形过程中。

冲压成形中接触表面发生相对运动产生的阻碍表面金属流动的摩擦，称为外摩擦。其阻力称为摩擦阻力或摩擦力，其方向与运动方向相反。而板材发生塑性变形时，金属内部质点的相对运动引起的摩擦称为内摩擦。内摩擦是金属内部在相互吸引力和排斥力作用下处于平衡状态、排列紧密的质点受外力作用强迫运动的直接结果。在成形过程中，金属一旦发生塑性变形，这种平衡态被打破和发生相对运动，就产生内摩擦并表现为内部发热。不过迄今为止，对金属材料的内摩擦研究尚有待加强和认识。因此，本书中所涉及的材料成形中的摩擦是指模具与板材之间的外摩擦。

板材冲压成形过程中的摩擦虽然引入了宏观塑性变形的元素，但和一般机械运动中的摩擦一样，成形过程中的摩擦研究也遵循一般的摩擦理论和规律。但两者又有差别，板材冲压成形过程中的摩擦具有以下特点：

(1) 接触表面压力高。金属材料成形时，接触面承受较高的接触压力。冷成形时，接触压力可达 500～2500MPa；热成形时，接触压力达 50～500MPa；在运转机械中，接触压力通常不到较软一方材料屈服强度的 1/10～1/5，重载轴承承受的压力甚至更低，只有 20～50MPa。

(2) 影响摩擦的因素众多。摩擦接触应力是变形区内金属所处应力状态、变形几何参数以及外界成形工艺条件，如温度、速度、变形程度及变形方式等的函数。如镦粗时，越靠近接触面中心，摩擦接触应力越大；薄壁件比厚壁件的摩擦应力大；低温时的摩擦应力比一般高温时大。

(3) 接触表面状况与性质的时序变化。运转机械零件之间的接触宏观上属于弹性接触范围，零件不会发生宏观塑性变形，仅是表层材料磨损和摩擦剪切力导致的新表面产生及表面下微观塑性变形。而冲压过程中为了获得一定形状的工件，需要板料发生宏观塑性变形，部分内部质点迁移至表面，接触表面扩大和更新。此外，宏观塑性变形会导致表面膜破坏、新表面裸露，这将引起接触表面状况与材料组织和性能的改变。在冷成形时，金属材料变形诱导加工硬化，金属的组织结构与力学性能均会发生改变，影响接触副摩擦行为的改变。在高温成形时，钢加热到奥氏体化温度以上不同温度区间，铝加热到两相线以下一定温度，如350～500℃时，材料表面形成单层或多层不同类型的氧化物，这些氧化物的组成和性质与基体材料的组成和性能不同，都会导致接触摩擦应力发生改变并影响摩擦学行为。通常，高温氧化物有一定的润滑作用，能减少摩擦；而室温形成的较硬脆的氧化物在冲压成形过程中，其氧化膜破碎和脱落，以磨粒形式加剧磨损。

1.2.3 冲压成形中摩擦的作用

冲压时板金属变形的多样性和复杂性导致摩擦在冲压变形中所起的作用有所不同，这里不能用统一的标准衡量摩擦力的作用，必须根据具体的变形方式分析。例如，对于杯形件拉深过程，把杯形件分成几个部分：

(1) 板料在冲头圆角处产生弯曲和拉胀复合变形。作用于杯底的冲压力通过冲头圆角沿筒壁传递，这就要求冲头圆角处表面有尽可能大的摩擦系数。这意味着在该区域冲头和薄板都无须润滑，但高的摩擦系数要求冲头具有优良的耐磨性能。这也是成形工艺要求和力传递的一种优化。

该区域作为过渡区受到周向和径向拉应力作用，同时受到弯曲压应力作用，材料变薄也最严重，通常被称为危险断面。

(2) 杯底承受双向拉伸。若冲头圆角处和杯底处摩擦力过小，则板料在杯底减薄量增加将导致破裂，此时冲头底部和圆角处的摩擦是有益的。

(3) 杯壁处于拉伸状态。凸模与杯壁之间的摩擦力可提高拉深能力。导致破裂的拉应力会从侧壁转到冲头上，破裂点会向模具的出口处移动，在出口处板料以单向拉伸为主。当冲头和模具圆角过大时，板料没有得到支撑的部分会起皱。

(4) 板料在模具圆角处受到弯曲和反弯曲变形力作用。模具与板料的摩擦造成杯壁承受更高的拉深应力，此时摩擦是有害的。

(5) 板料的凸缘皱折。板料的凸缘受径向拉伸被拉入缝隙中，同时在表面高压和摩擦的影响下，容易发生板料折叠或皱缩。通过控制压边力或采用工艺润滑来调节摩擦，以减少摩擦功耗，同时阻止板料凸缘起皱。

1.3　摩擦磨损试验设计

摩擦磨损试验是摩擦学的重要组成部分。机械零件或材料的摩擦磨损特性很大程度上取决于其系统状态和工况条件，是摩擦学系统特性，而非材料的固有特性。因此，合理设计摩擦磨损试验是研究其摩擦磨损机理、评价其寿命水平和材料的适应性、开发新材料和揭示新的摩擦学规律的重要途径[3]。

近年来，随着摩擦学研究水平的提高、测试和表面分析及计算机技术的发展，摩擦磨损试验在由宏观向微观发展的同时，模拟仿真技术被引入摩擦磨损试验领域，这为摩擦磨损试验设计赋予了新的内容。然而，就摩擦磨损的系统特性而言，常规的摩擦磨损试验仍然在工程中占有重要地位。

材料成形过程中的摩擦、磨损与润滑问题涉及面广，影响因素众多，特别是与成形工艺条件密切相关。因此，通过合理的科学试验方法和手段研究材料成形过程的摩擦、磨损和润滑的理论与实践问题，寻找摩擦学系统各要素之间的相互关系，特别是研究摩擦、磨损对成形工艺过程的影响具有十分重要的理论与实际意义。通过摩擦、磨损测试可以进一步了解摩擦、磨损对材料成形过程的作用以及对成形件表面质量的影响，寻找合理的润滑方式和最有效的润滑剂，以获得最佳润滑作用效果，同时为制定材料成形工艺路线、提高成形过程的稳定性与可靠性提供重要参考依据。

由于材料的摩擦、磨损特性并非材料的固有特征，特别是在材料成形过程中该特性与成形方法及成形工艺等密切相关，所以在测试方法上难以达到一个统一的试验标准。目前，大多数被采用和承认的测试方法可以归纳为试验机测试、模拟试验和实际成形过程实测三种类型。

摩擦学测试内容涉及面广，包括摩擦、磨损测定，表面分析，温度测定，润滑剂理化性能分析等。本节主要集中讲述摩擦、磨损测定，特别是摩擦系数的测定方法。

1.3.1　摩擦磨损试验设计基础

摩擦磨损试验设计是指工程中为了达到评价材料或零件的摩擦磨损性能或研究其机理或预测其使用寿命等不同目的而组织的试验内容。它包括试验类型设计、试验方法设计、试样设计、试验内容设计和试验机选择等。摩擦磨损试验是采用模拟试验方法去研究摩擦磨损机理，确定影响摩擦磨损性能的因素，评价在特定工况下的材料耐磨、减摩及摩阻性能。而摩擦磨损模拟试验在很大程度上是基于摩擦学系统特性和主要影响因素对其进行试验模拟，因此相似理论中的有些基本原则可以用来指导试验设计。

1. 试验类型设计

摩擦磨损试验的类型是基于试验目的分类的，如图 1.4 所示。不同试验类型涉及的试样和试验方法不同，因此在摩擦磨损研究中，试验类型的选择有重要的工程意义。一般地，试验类型设计是基于研究(或工程)目的和不同试验类型的特点来选择试验类型，并对其试验方法进行设计。

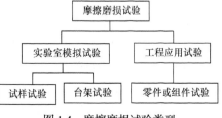

图 1.4　摩擦磨损试验类型

1) 实验室模拟试验

实验室模拟试验分试样试验和台架试验两类。

(1) 试样试验。

试样试验是把研究对象的摩擦件制成标准尺寸的试样，在对应的试验机上进行。它的试验条件选择范围较宽，影响因素易控制，可在短时间内进行多参数的重复试验；试验数据重复性较好，对比性较强，易于揭示摩擦磨损规律，一般多作为研究性试验，研究不同摩擦副的摩擦磨损机理及其影响因素的规律，也可以作为评定某种材料摩擦磨损性能的试验。不过，这时试验条件要求模拟性高，否则试验数据就不可靠。

虽然试样试验都具有一定的模拟性，但仍有很强的针对性，因此试样试验又有常规性试验和强化模拟性试验之分。

常规性试验不强调模拟某一零件实际的工作情况，试件形状简单，主要用于研究摩擦磨损的机理、一般规律以及材料的耐磨性等。但这种试验将系统环境和工况条件抽象和理想化，因而试验结果只能说明一般性规律，与实际工况有一定的差别。

强化模拟性试验主要是模拟某种零件的实际工况，因而针对性较强。为了更好地模拟实际工况中各因素对试验结果的影响，试验因素参照实际工况，但部分参数被强化，强化程度取决于试验参数对摩擦磨损的影响强度。常用的强化模拟性试验设计原则为：

① 磨损形式模拟，即使被试验的表面磨损形式和磨损机理与实际使用条件下的一致。

② 摩擦条件模拟，即使被试验摩擦副的主要摩擦条件(如温度、周围环境、压力和速度等)与实际零件相同或接近。

③ 试样试验费用低，周期短，故经常采用。

(2) 台架试验。

台架试验在专门的可模拟实际工况的试验机上进行。它是在试样试验基础上，优选出能基本满足摩擦、磨损性能要求的材料，制成与实际零件的结构和尺寸相似或相同的试验件，以模拟实际工况条件下试验件的可靠性和服役寿命的一种强化试验方法。

相对于试样试验，台架试验更接近实际使用条件，因而可提高试验数据的可靠性。相对于工程试验，台架试验较易控制试验条件，还可强化实际工况条件，缩短试验周期，减少试验费用。

2) 工程应用试验

工程应用试验是在实际工况条件下进行的摩擦磨损试验。

这种试验是全尺寸和全负荷的验证试验，具有较好的真实性和可靠性，是零件摩擦磨损性能考核的重要组成部分,也是摩擦学零件工程应用的最终试验途径。其缺点是:①试验周期长,费用高;②试验结果受诸多因素的综合影响,不易进行单因素的考察,且数据的重复性和可比性差,不易分析产生问题的原因;③为了提高试验结论的可靠性,需要在不同地点组织一定数量的试验,经过综合分析才能得到确切的结果,因而需要消耗大量人力和物力;④现场的摩擦磨损测量往往很困难,且精度不高,因此需要特殊的测量仪器。

在工程应用试验中,组件试验在集中反映系统对摩擦磨损行为影响的同时,能有效地评价摩擦副的实际摩擦磨损情况,因此组件试验方法是一种能真实反映实际工况特点的检验方法,也是对新材料应用和新型设计实际应用前的一种最后评价方法。

2. 试验方法设计

摩擦磨损试验方法直接影响试验结果的可靠性和可信性,因此无论开展何种类型的摩擦磨损试验,试验前必须对试验方法进行精细设计,以保证试验的正常进行和试验数据可靠。常用的试验方法如下。

1) 对比试验

对比试验是在相同条件下进行试验,即将几种试样或将试样与已知标准试样进行对比,以比较其摩擦磨损性能,从而选择或确定具有较好摩擦磨损性能的材料、组织结构、表面处理层或工艺方法等。

2) 标准试验

采用标准摩擦磨损试验方法进行试验和测量,以得出被试材料的摩擦磨损性能指标,如用于评价润滑油极压性能的四球试验方法,从而评价和比较不同材料在不同条件下的摩擦磨损性能。

3) 使用范围试验

将试样在广泛条件下进行试验,以便求得它的最大使用范围或最高使用条件,如压力、速度、温度和寿命等条件。试验时常以摩擦磨损性能的突变点来表示。此方法为研究新的耐磨、减摩和摩阻材料以及新的耐磨表面处理技术所采用。

4) 使用性能试验

按照实际使用情况进行的试验,以便得到实际情况的摩擦磨损性能指标。此方法一般多为工程应用试验。

3. 试验参数设计

影响摩擦磨损性能的因素较多也较复杂。温度、速度、压力、摩擦表面性质、尺寸和形状、试件、周围环境、润滑方式等都对摩擦磨损有很大影响,而且对不同摩擦磨损类型的影响规律不同。因此，试验参数设计必须基于试验目的和常用的强化模拟性试验设计原则，分析该试验系统中影响试验结果的主要因素和次要因素，然后对试验参数进行设计。

试验过程中必须严格控制影响试验结果重复性的主要试验参数，并保证在重复试验时条件恒定不变。

1) 试验时间

在一定试验条件下，不同材料将产生不同的结果或失效形式，因此试验时间设计不应仅考虑缩短试验时间而提高强化条件，还应考虑在给定时间内材料的磨损率发生急变的可能性。一般地，应通过试验获得试验时间与磨损率的关系曲线，作为评价材料磨损趋势的依据，它也是正确确定试验时间的数据基础。

试验时间设计与下列因素有关：①磨损类型，如疲劳磨损有较长的孕育期，因此试验时间应足够长以保证试件达到疲劳破坏所需要的循环次数；对于涂层的耐磨料磨损试验，应考虑其磨损量所容许的涂层厚度。②磨损测量精度，为了使被评价材料的磨损量不受测量仪器精度的影响，应设计足够的试验时间以保证磨损量远大于仪器的测量误差。

2) 正压力和速度

正压力(比压)改变，摩擦系数特征随之改变，润滑状态也随之改变；速度改变，摩擦面材料形变状态和接触区温度改变，磨损形式和润滑状态也随之改变。载荷和速度对摩擦系数的影响比较大，因此在模拟性实验室试验中，往往采用比实际摩擦学系统高的正压力和速度进行强化试验。但过度强化正压力可能会导致试验系统失真，这是试验参数设计必须重视的问题。因此，在试验设计中应根据实际摩擦副的工况确定正压力和速度。

3) 温度参数

温度对磨损的影响也较复杂。在常温条件下，试验过程中的摩擦温升影响会导致润滑油黏度降低、润滑状态改变，甚至油膜破裂、润滑失效；在高温下进行试验时，温度对材料摩擦磨损的影响反映的是材料的高温特性，因此温度参数的设计应参照材料的高温力学性能和物理性能确定合理的温度范围，以体现材料在服役环境下的高温摩擦磨损行为。

4) 润滑设计

润滑对摩擦磨损试验的影响主要反映在摩擦副的表面接触状态，采用不同润滑方式可能导致完全不同的试验结果。虽然摩擦磨损试验中的润滑比工程中的润滑系统简单得多，且容易控制，但测量精度高，且润滑状态对试验数据的影响较大，因而润滑设计的关键是要首先确定工业摩擦副实际的润滑状态(如边界润滑或油膜润滑)，然后确定润滑条件(全浸、滴油、飞溅)和给油方式(开式、闭式、是否过滤等);与此同时,还应考虑润滑剂或添加剂种类的影响。

5) 试样的表面特性

试样的表面特性包括表面微观结构特征(表面粗糙度、表面加工纹理、组织结构)、表面物化特性(材料种类、表面力学性能)、表面接触的形状特征(试样形状、表面接触方式(点、线、面)、名义接触面积)。

试样的表面特性直接影响试样的安装、润滑状态、接触压力和相对运动形式等,因此试样表面的大部分特征参数都应基于相应的试验方法或标准并选择合适的试验机,以保证与实际工程对象基本一致。

4. 摩擦磨损性能表征

摩擦磨损的试验结果反映了材料或零件的摩擦磨损性能,除微观分析摩擦表面形貌和组分以研究材料在摩擦磨损试验过程中发生改变的机理外,目前对材料(或摩擦副)的摩擦磨损性能的表征主要有如下方法。

1) 摩擦系数

摩擦系数是表征材料或摩擦副在摩擦过程中运动阻力的一个无量纲参量,是摩擦副之间的摩擦力与法向力之比,其大小直接反映了材料的摩擦性能,与摩擦副的表面状态、润滑介质、周围环境及工作参数等有关。目前,主要通过在线测量其摩擦阻力和接触压力,然后基于简单黏着理论用计算机和数据处理系统动态计算出摩擦系数。摩擦系数的动态变化反映了摩擦副的工作稳定性(摩擦系数随温度、速度、载荷及表面状况变化时的波动大小),它是评定摩擦学材料摩擦性能的主要指标。

2) 磨损量

磨损量是在摩擦磨损过程中摩擦副的材料接触表面变形或表层材料流失的量,是评定材料耐磨性、控制产品质量和研究磨损机理的一个重要指标,是磨损试验方法中需要重点关注的内容。目前,磨损量的表征一般采用重量、体积、几何尺度等表示。

(1) 称重法。

该方法是采用精密分析天平分别称量试验前后的试样重量,其重量差为绝对磨损量。该方法简单,有一定的测量精度,适用于干摩擦和磨粒磨损条件等表面材料流失较大的情况。对于轻载和润滑性良好条件下的摩擦过程,材料不发生较大塑性变形,采用该方法的测量误差较大。

(2) 测表法(测长法)。

测表法是一种广泛使用的磨损测量方法,是通过测量摩擦面磨损试验前后的法向尺寸变化或磨痕大小,从而确定线性磨损率或计算出体积磨损量的方法。常用仪器有表面轮廓仪、游标卡尺、千分尺、读数显微镜、工具显微镜等。

(3) 人工基准法。

用专门工具在待磨损试样表面预制一个规定几何形状的划痕作为基准，测定其伴随磨损过程所发生的尺寸变化(磨损前后)，以计算线性磨损量。该方法具有灵敏度高、能测定不同部位磨损的分布、不受温度和湿度影响的优点，但需要专门刻痕或压痕装置及测量装置。主要有压痕法和刻痕法。

材料磨损可用两种方式表征：绝对磨损量和相对耐磨性。

绝对磨损量表示材料磨损后长度、面积、体积或质量变化的绝对值，一般用符号 W 表示。计量单位分别为：线磨损(mm 或 μm)、面磨损(mm^2)、重量磨损(g 或 μg)、体积磨损(mm^3 或 $μm^3$)等。材料的磨损也可以用磨损率表示，如单位摩擦行程的磨损量、单位时间的磨损量、单位转数的磨损量或比磨损率(磨损量与载荷和摩擦时间或行程的乘积之比)。

绝对磨损量可独立地表示某种材料在特定摩擦系统中的磨损性能，它可以用来衡量不同材料在同一系统中的耐磨性，但要求在试验过程中严格控制系统参数。

相对耐磨性 ε 表示标准试件与试验试件磨损量之比，是无因次量。ε 反映相对磨损的大小，ε 值越大，材料的耐磨性越好。由于使用标准试件，就有可能将某种试验形式的结果同使用条件下的磨损结果进行比较，或与另一种磨损试验形式的结果进行比较。应当指出的是：用作标准试件的材料一般是组织成分均匀和力学性能及物理性能稳定的材料，或是在系统中选择作为参照物的试样。

1.3.2　摩擦磨损试验机分类

摩擦磨损试验机种类繁多，常见的分类方法如下。

1) 按摩擦副的接触形式和运动形式分类

实际工作零件可能出现的运动形式有滑动、滚动、滚动兼滑动、冲击，其中有连续运动(如转动)和往复运动(大振幅和小振幅运动)两种运动形式。工程中常见的接触和运动形式有点接触滑动[图 1.5(a),(f)]、线接触滚动或滚动兼滑动[图 1.5(b)]、面接触或线接触滑动[图 1.5(c)]、面接触滑动[图 1.5(d),(g),(i),(j)]、线接触滑动[图 1.5(e)]、面接触往复运动[图 1.5(h)]。

2) 按摩擦副的功能分类

按摩擦副的功能进行分类有齿轮磨损试验机、滑动或滚动轴承摩擦磨损试验机、制动摩擦磨损试验机、润滑剂性能试验机、导轨摩擦磨损试验机等。

3) 按摩擦条件分类

按摩擦条件进行分类有一般磨损试验机、快速磨损试验机、高温或低温摩擦磨损试验机、高速或低速摩擦磨损试验机、定速摩擦试验机、定功率摩擦试验机、真空摩擦磨损试验机等。

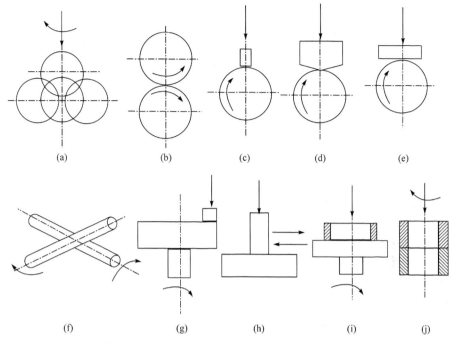

图 1.5 典型摩擦副的接触形式和运动形式示意图

1.3.3 摩擦磨损试验机设计原则

摩擦磨损试验机的种类繁多，而模拟试验往往根据试验目的和要求对试验机进行设计。虽然一般的摩擦磨损试验机已倾向标准化，但随着摩擦学的工业应用越来越广泛，摩擦磨损试验机的模拟性设计仍是评价在特定工况下材料摩擦磨损性能的重要途径。虽然不同的摩擦磨损试验机用途不同，但大多数情况下仍遵循如下三性设计原则。

1) 模拟性设计

这是设计和选择试验机的主要依据之一。摩擦副表面磨损分为黏着磨损、磨料磨损、疲劳磨损、微动磨损等。摩擦磨损试验机的设计应保证其具有模拟和呈现所需磨损类型的工作条件及试验参数。为实现模拟性设计要求，往往需要采用磨损形式与工况近似模拟相结合的设计准则。

2) 灵敏性设计

在摩擦磨损试验中，试验参数对摩擦学性能的影响是需要重点关注的因素，因此试验机必须有足够的灵敏性，以满足单因素控制试验的要求。此外，目前的试验机常常在线测量其摩擦系数和磨损量，因此要求试验机应具有足够的灵敏性，以提高测试精度和数据可靠性。

3) 重现性设计

由于材料的摩擦磨损性能是系统的特性，摩擦副的工作参数和工作环境因素(如润滑条件等)对其摩擦磨损性能有显著影响。为了提高数据的可靠性，对于同一材料和同一工况，往往需要重复试验，因此试验机的加载系统、数据采集系统和工作参数控制系统应有足够高的精度，以保证试验数据的重现性要求。

1.3.4 测试方法

1. 定速摩擦试验机

定速摩擦试验机的工作原理是由上、下试样组成摩擦副，上试样是由两件相同的摩擦(或摩阻)材料制备的标准尺寸摩擦块，下试样是一定直径的摩擦盘，上试样安装在夹座内，下试样安装在与支撑轴连接的托盘上。试验时，通过砝码或液压机构将载荷 W 施加在上试样与下试样之间，主轴在驱动系统的驱动下以一定角速度 ω 相对摩擦盘(或块)做旋转运动；压力传感器和摩擦力传感器记录试验过程的摩擦阻力和载荷变化，并通过数据采集系统自动计算出摩擦过程中的摩擦系数。为了对摩阻材料在给定温度下进行试验，试验机安装了温度加热系统和温度传感器。试验参数通过控制系统进行单因素控制[4]。

该机载荷一般可在 235～2940N 范围内变化，主轴转速基于工况要求可通过变频调速，试验温度也可通过温度调节系统进行调节，上、下试件尺寸基于不同使用目的而确定。定速摩擦试验机主要用于研究在不同温度条件下，摩擦(或摩阻)材料的摩擦系数和磨损率、摩擦材料的耐热衰退性能、主要因素(温度、压力、速度)对摩擦性能的影响，以及其他类型材料的摩擦磨损性能。

2. 四球式摩擦磨损试验机

四球式摩擦磨损试验机的工作原理是，由 1 个上球和 3 个下球组成摩擦副，上球卡在夹头内，下球组固定不动，上球与下球组接触，四个标准钢球直径均为 12.7mm。工作时，上球由主轴带动旋转，主轴有六挡转速(600r/min，750r/min，1200r/min，1500r/min，1800r/min，3000r/min)，总载荷为 60～12600N。上球通过加载系统向下球组加载，多采用液压加载；试验机匹配有加热系统，最高试验温度可达350℃。

该试验机主要用于评定润滑剂的性能(油膜强度、抗咬死载荷、PV 值等)，也可作为磨损试验机用。该试验机的评定指标主要有：

(1) 最大无卡咬负荷 $P_B(N)$，即在试验条件下不发生卡咬的最高负荷，该负荷下测得的磨痕直径不得大于相应补偿线上数值的 5%。

(2) 烧结负荷 P_D(N)，即在试验条件下钢球发生烧结的最小负荷，它代表润滑剂的极限工作能力。

(3) 综合磨损位(ZMZ)，是润滑剂抗极压能力指数之一，它等于若干次校正负荷的数学平均值：

$$ZMZ = \frac{A + B/2}{10} = \frac{A_1 + A_2 + B_2/2}{10} \tag{1.1}$$

或(一般油脂用)

$$ZMZ = \frac{A_1 + A_2 + B/2}{10} \tag{1.2}$$

式中，当 $P_D > 4000N$ 时，A 为 3150N 及 $P_D < 3150N$ 的 9 级校正负荷的总和，当 $P_D \leqslant 4000N$ 时，A 为 10 级校正负荷的总和；当 $P_D > 4000N$ 时，B 为从 4000N 开始直至烧结以前的各级校正负荷的算术平均值，当 $P_D \leqslant 4000N$ 时，B 为 0；A_1 为 P_B 点以前，即补偿线上的那部分校正负荷的总和；A_2 为 P_B 点以后，3150N 以前那部分校正负荷的总和。

为了便于评价，对于该试验机，在试验方法中统一定义了相关参数。

赫兹直径和赫兹线：在某静负荷(P)下钢球弹性变形所形成的凹入面直径(D_h)，称为该压力下的赫兹直径(mm)，即

$$D_h = 8.73 \times 10^{-2} P^{\frac{1}{3}} \tag{1.3}$$

式中，P 为静负荷(实际负荷)。负荷-磨痕直径的双对数坐标图中，D_h 与 P 呈线性关系，该关系曲线称为赫兹线。

补偿线和补偿直径：在存在润滑剂而又不发生卡咬的条件下，在下面的三个球上会产生光亮的圆斑状磨痕，由下球平均磨痕直径对应的所加负荷，在双对数坐标图中作出的一条直线称为补偿线；补偿线上相应于某一负荷的磨痕直径称为该负荷下的补偿直径。不同润滑剂的补偿线是接近的，可以用一条代表平均斜度的补偿线来表示(图 1.6)。

磨损-负荷曲线：在双对数坐标上，基于不同负荷下钢球的平均磨痕直径作出的曲线，如图 1.6 的曲线 ABCD 所示。曲线对应的物理意义为：AB 线为无卡咬区域，BC 为推迟卡咬区域，CD 为接近卡咬区域。

校正负荷 $P_校$(N)是对所加的实际负荷 P 的修正：

$$P_校 = \frac{PD_h}{D} \tag{1.4}$$

式中，D_h 为赫兹直径，mm；D 为实测磨痕直径，mm。

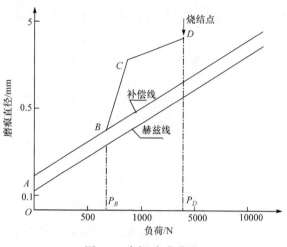

图 1.6　磨损-负荷曲线

3. 销-盘(盘-销)摩擦磨损试验机

销-盘摩擦磨损试验机是目前摩擦磨损试验研究中应用最多的一种试验机。该类试验机主要用于在滑动条件下评价材料的摩擦系数和磨损率，研究工况参数对摩擦学性能和磨损机理的影响。

销-盘摩擦磨损试验机是以销为动试样，以盘为静试样。试样销安装在与主轴相连接的夹具上，试样盘安装在与支承轴连接的托盘中。试验时，通过砝码或液压机构将载荷 W 施加在上下试样之间，主轴在驱动系统的驱动下以一定角速度ω旋转。压力传感器和摩擦力传感器记录试样过程的载荷和摩擦力矩变化，并通过数据采集系统自动计算出摩擦过程中的摩擦系数。为了满足油(或水)润滑工况的要求，试验机匹配有润滑系统，润滑介质通过安装在机座上的容器自动循环，试验参数通过控制系统可进行单因素控制。

该类试验机根据不同型号和试验要求，载荷和主轴转速可在一定范围内调节。试验机也可安装温控系统或加热炉进行高温摩擦磨损试验。该类试验机的试验方法目前尚无国家标准，其试验参数、试样尺寸和试验方法均基于工况或研究目的而设计。

4. 滚子式或环块摩擦磨损试验机

滚子式或环块摩擦磨损试验机，亦称 M 型试验机。上下试样为圆环试样，或上试样为一定尺寸的块体，它们分别固定在试验机的上下主轴上。下轴的转向是固定的，上轴的转向则可通过调节滑移齿轮使其与下轴相同、相反或静止；也可通过挂轮调节上、下两轴转速差。上、下两试样相对运动产生的摩擦力矩使上轴摆架转动，然后通过摩擦力矩传递臂作用在传感器上，并将力矩电信号传入数据采集系统中进行数据处理和输出。由于该类试验机可以通过主轴挂轮调节上、下两轴转速差，因而可实现滚动、滑动、不同滑动率的滚-滑复合及间歇运动的摩擦磨损试验，具有多功能性，其加载和摩擦力矩的测量范围及精度分别取决于试验机型号和配置的摩擦力矩及传感器精度。作为滚子式试验机，主要试验材料的接触疲劳性能。

在上轴固定的情况下，将上试样环用块试样替代并配以一定形状和尺寸的块试样夹具，即可实现环块摩擦磨损试验，如美国产 Timken 环块试验机和国产 MM2000 环块试验机。

参 考 文 献

[1] 孙建林. 材料成形摩擦与润滑[M]. 北京: 国防工业出版社, 2007.
[2] 施于庆. 冲压工艺及模具设计[M]. 杭州: 浙江大学出版社, 2012.
[3] 温诗铸. 摩擦学原理[M]. 北京: 清华大学出版社, 1994.
[4] 周美立, 王虹. 相似工程学概论[M]. 北京: 机械工业出版社, 1998.

第 2 章　耦合变形的板带式摩擦磨损试验方法

国内对于金属板带在冲压成形过程中摩擦耦合变形行为的研究基本上处于空白状态，已经进行的研究也多是分别针对金属板带单纯的摩擦或者变形过程的研究，且这种分离式的研究所得到的成果对于实际生产的指导作用有限。在国外，普遍使用拉伸弯曲(bending-under-tension,BUT)试验装置来研究金属板材在摩擦耦合变形磨损条件下的摩擦学性能。这种方法是利用拉力使金属板带依靠与固定轧辊间的摩擦来实现变形和磨损，主要用于研究配副(即轧辊)材料和板材的摩擦特性，其应用中主要存在以下几点问题：①试验前需要对试样进行预弯曲变形，而此会对材料状态产生一定影响，使研究结果与实际情况产生偏差；②BUT 试验装置的加载模式是一种静态加载方式，受到设计最大载荷的限制，且与实际冲压过程的条件存在较大的区别；③BUT 试验装置在试验过程中板带固定不动，依靠拉力使和辊子(配对副)接触的部分产生摩擦和变形，不能较为真实地模拟冲压过程中板带的变形情况。耦合变形的板带式摩擦磨损试验方法针对已有技术存在的问题，提供一种薄金属板带摩擦耦合变形试验装置，能够模拟薄板带在成形过程中与模具间的摩擦耦合变形。

2.1　试　验　目　的

冲压工艺过程实际上是板材的变形和与模具摩擦行为的耦合，其中的摩擦不容忽视。因为摩擦过程实际上是在正应力和剪切应力综合作用下的复杂应力应变行为，摩擦状态不仅直接关系到拉深成形件的表面质量和模具寿命，而且直接影响成形性和应变分布。

基于摩擦学系统观点和条件磨损模拟原则，设计制造的薄金属板带摩擦耦合变形的试验装置主要用于模拟金属板带在冲压过程中摩擦耦合变形的过程。通过自主研制的装置研究在拉深过程中金属板带在耦合变形条件下的摩擦学行为，其目的是指导成形工艺设计和参数优化，特别是在成形过程中确定耦合变形过程的摩擦系数。

2.2　试验机结构

2.2.1　设计构思及原理

试验机设计的关键在于：如何模拟并实现金属板带在与模具摩擦过程中同步实现其塑性变形。对此，设计思路如下：采用独立加载机构，即通过在加载轮上加挂砝码带动其旋转，从而带动丝杆旋转，张紧板带试样并实现载荷的传递与放大；设计一个可调节压头高度的保持架，以保证一定圆弧角的压头与金属板带的接触(模拟成形模具圆弧部分和板带的摩擦接触)，同时结合丝杆系统实现使带材变形的加载功能。在初始加载完成后，板带在步进电机带动下进行往复运动，从而实现在往复行程范围内板带的摩擦和变形，即摩擦耦合变形。

根据上述设计思想，板带摩擦耦合变形的试验装置原理如图 2.1 所示，图 2.2 为试验机设计效果图及实物图[1]。

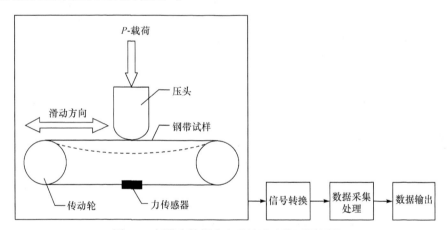

图 2.1　板带摩擦耦合变形的试验装置原理图

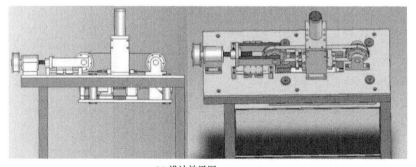

(a) 设计效果图

(b) 实物图

图 2.2　　试验机设计效果图和实物图

2.2.2　试验机结构简介

摩擦耦合变形试验装置的机械部分主要由四部分构成：①加载轮、传动轮固定架、传动轮、力传感器和传力丝杆组成试样的张紧与加载部分；②压头及其外部支架构成摩擦块安装与下压深度调整部分；③电机、连接块、滑块、直线导轨和滚珠丝杆组成往复运动与驱动部分；④机架。

该试验机是一种板带可变形的快速摩擦磨损试验机，其传动系统的动力由一台步进电机提供，转速可无级调节，电机通过联轴器与滚珠丝杆相连，丝杆带动滑块做水平往复运动，并通过与试样夹持端硬连接的连接块驱动带试样做直线往复运动；配副压头安装在压头支架上(图 2.3)，可通过螺杆调节压头的压下量；在加载轮上施加的载荷通过传力丝杆传递到试样上，即实现了对试样的加载。

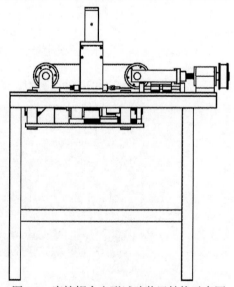

图 2.3　　摩擦耦合变形试验装置结构示意图

2.2.3　试样张紧与加载部分

带试样张紧与加载部分的结构如图 2.4(a)所示，由传动轮、传动轮支撑座、带试样、传动轮支撑板、不锈钢轴支座、不锈钢轴、连接板、滚珠丝杠、滚珠螺母、圆锥滚珠轴承座和加载轮构成。

载荷通过缠绕在加载轮上的钢丝绳、利用偏心销驱动加载轮转动，使丝杆转动并将旋转运动转化为直线运动。连接在丝杆上的传动轮支撑板带动带试样的一端在水平方向上拉伸，使得带试样在水平方向张紧、受载，和带试样连接的 S 型力传感器输出试样上的受力。在连接板上安装有一个位移传感器，测试带试样因变形产生的位移量。图 2.4(b)、(c)分别为该部分的效果图和试样安装示意图。

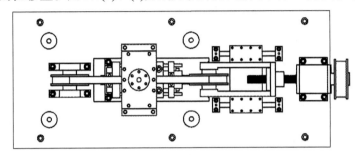

(a) 结构图

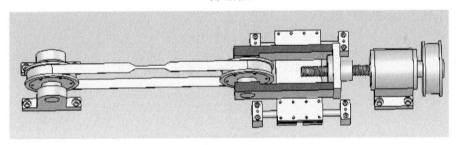

(b) 效果图

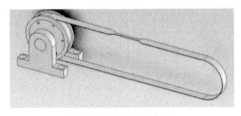

(c) 试样装载示意效果图

图 2.4　带试样张紧与加载部分

2.2.4　摩擦压头安装与调整结构

图 2.5 为摩擦压头的安装与调整结构图。其中压头的位置高低可通过保持架

顶端的控位螺栓进行调节，调节完成后，可通过保持架侧面的定位销固定。

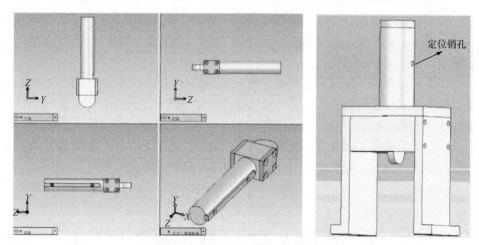

图 2.5　摩擦压头的安装与调整结构图

2.2.5　往复运动与驱动部分

实现往复运动的驱动部分结构如图 2.6 所示，主要由步进电机、联轴器、圆锥滚子轴承座、滚珠丝杆、限位开关、直线导轨轴承、挡板、向心球轴承座、行程开关、滚珠螺母等组成。

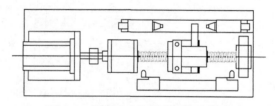

图 2.6　往复运动的驱动部分示意图

动力由步进电机提供，电机转速可根据需要在 1～10rad/s 调节。通过联轴器带动滚珠丝杆旋转，滚珠螺母在滚珠丝杆上运动，在滚珠螺母下方装有直线导轨，直线轴承与滚珠螺母相连以提高传动刚度和直线运动精度，防止螺母在运动时摩擦阻力和振动对采集精度产生影响。在驱动部分的一侧安装一个行程开关，控制电机的正反转以实现稳定的往复行程。为了防止行程开关因失效导致丝杠通过行程开关位置时造成危险，在驱动部分的另一侧加装了一个安全开关，以保证与螺母相连的挡板碰到安全开关时切断电机电源，便于维修。

2.2.6　试样简介

图 2.7 为摩擦耦合变形试验机要求的试样加工尺寸图。其中，压头的圆弧半

径可根据模拟的服役环境试验要求设计，板带试样设计成哑铃状，其往复摩擦部分的宽度可根据受试材料的屈服强度进行调节，以保证摩擦过程中板带能够产生足量的塑性变形，两端最大宽度为 20mm，试样总长为 800～1000mm。

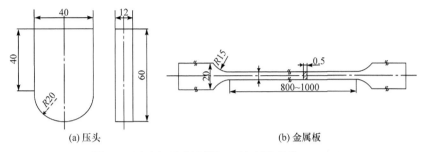

(a) 压头　　　　　　　　　　　　　　　(b) 金属板

图 2.7　试验机要求试样加工尺寸图(单位：mm)

除尺寸方面的要求外，摩擦试验中对试样及其配副的表面粗糙度也可根据试验材料和需要考察的性能要求确定。

2.3　摩擦系数测量及计算

在摩擦试验中，用来衡量该摩擦系统最重要的参数是摩擦系数 μ，因此本节重点介绍摩擦耦合变形试验机摩擦系数测量及计算原理与过程[2,3]。

2.3.1　摩擦系数计算原理

根据式(2.1)计算摩擦力：

$$f = \mu N \tag{2.1}$$

式中，f 为摩擦力；μ 为摩擦系数；N 为正压力。由式(2.1)可得摩擦系数为

$$\mu = \frac{f}{N} \tag{2.2}$$

为了得到在摩擦耦合变形试验过程中的摩擦系数 μ，首先必须知道摩擦力 f 和正压力 N。因此，板带的受力分析及其数据采集系统设计是保证获得上述参数的基础。

2.3.2　摩擦力测量

1. 测量原理 B

图 2.8 为试验时压头与试样带之间的工作示意图。带试样环绕传动滑轮固定于力传感器两端，试验机工作时，将压头压下一定量，并在活动滑轮的一端施加名义载荷 F_z，通过丝杆机构实现载荷的直线传递。在此过程中，钢带的受力通过与之相连的力传感器测得，并用于摩擦力及正压力的分析计算。下面相关分析和计

算以图 2.8 为基础展开，图中 V_1、V_2 为板带的运动速度。

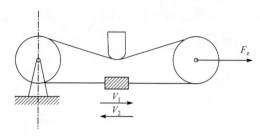

图 2.8　试验时压头与试样带之间的工作示意图

2. 受力分析

图 2.9 为静止状态下带试样的受力分析。由图可知，当压头压下 H 和施加载荷 F 时，钢带主要受到指向传动轮的拉力 F_1、F_2、T_1 和 T_2 作用，其中 $F_1=T_1$，$F_2=T_2=0.5F$。两传动轮中的一个处于可移动状态，故此处压头和钢带的摩擦接触位置并非两传动轮的中间部位。因此，压头下压所造成的两边钢带与水平位置之间的夹角各不相同，需要设定相关参数，具体如图 2.9 所示。

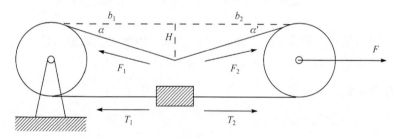

图 2.9　静止状态下带试样的受力分析

图中，α 为固定传动轮端，带试样实际位置与水平位置之间的夹角；α' 为活动传动轮端，带试样实际位置与水平位置之间的夹角；b_1 为固定传动轮圆心与接触点之间的距离，数值确定，为 200mm；b_2 为活动传动轮圆心与接触点之间的距离，等于 $(210\pm\Delta b)$ mm，Δb 可实时测量获得，为保证精确度，需加装位移传感器；H 为压头压下量，即接触点至带试样水平位置的距离。

当带试样在受载状态下运动时，其受力情况如图 2.10 所示。

对于 V_1，有

$$\begin{cases} F_1\cos\alpha = (F_2 + f_1)\cos\alpha \\ F_1 = T_1 \\ F_2 = T_2 = \dfrac{1}{2}F \end{cases} \tag{2.3}$$

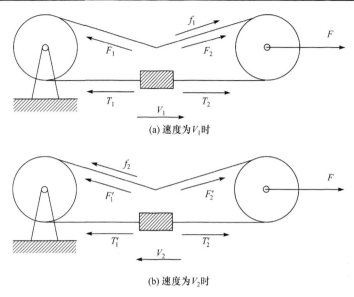

(a) 速度为 V_1 时

(b) 速度为 V_2 时

图 2.10　带试样在受载状态下运动时的受力分析示意图

对于 V_2，有

$$\begin{cases} F_2'\cos\alpha' = (F_1' + f_2)\cos\alpha' \\ F_1' = T_1' \\ F_2' = T_2' = \dfrac{1}{2}F \end{cases} \tag{2.4}$$

式中，假设 f_1 和 f_2 是两个大小相等的摩擦力，则由式(2.3)和式(2.4)可求得

$$f = \frac{T_1 - T_1'}{2} \tag{2.5}$$

力传感器可分别输出 T_1 和 T_1'，由式(2.5)即可得到钢带在往复运动过程中的摩擦力大小。

2.3.3　正压力计算

图 2.11 为带试样所受正压力的分析示意图。其中，L_1 为压头和试样接触点至固定传动轮与试样上接触点之间的距离，L_2 为压头和试样接触点至活动传动轮与试样上接触点之间的距离。这里假设带试样与传动轮的上接触点为试样水平状态时与传动轮之间的切点，即忽略因包角变化产生的误差。另外，压头与带试样的接触点并非两传动轮间带试样的中点，因此此处正压力的方向并非竖直方向，而是垂直于接触点处的带试样，即接触点处压头圆弧上的法线方向。

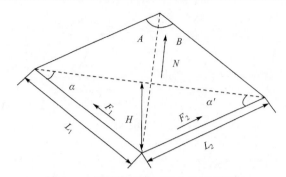

图 2.11　带试样所受正压力分析示意图

根据图示分析以及正弦定理、三角公式得

$$\begin{cases} \dfrac{L_1}{\sin A} = \dfrac{L_2}{\sin B} = \dfrac{X}{\sin(\alpha+\alpha')} \\ A+B+\alpha+\alpha' = \pi \\ L_1 = \dfrac{H}{\sin\alpha} \\ L_2 = \dfrac{H}{\sin\alpha'} \end{cases} \tag{2.6}$$

式中，X 为正压力方向的对角线长度。通过三角形求解，可得如下公式：

当 $b_2 > b_1$，即 $L_2 > L_1$ 时，有

$$\begin{cases} \tan A = \dfrac{L_1\sin(\alpha+\alpha')}{L_2 - L_1\cos(\alpha+\alpha')} \\ B = \pi - A - \alpha - \alpha' \end{cases} \tag{2.7}$$

当 $b_2 < b_1$，即 $L_2 < L_1$ 时，有

$$\begin{cases} \tan B = \dfrac{L_2\sin(\alpha+\alpha')}{L_1 - L_2\cos(\alpha+\alpha')} \\ A = \pi - B - \alpha - \alpha' \end{cases} \tag{2.8}$$

已知

$$\frac{F_1}{\sin A} = \frac{F_2}{\sin B} = \frac{N}{\sin(\alpha+\alpha')} \tag{2.9}$$

最后得到

$$N = \frac{1}{2}\left[\frac{F_1\sin(\alpha+\alpha')}{\sin A} + \frac{F_2\sin(\alpha+\alpha')}{\sin B} \right] \tag{2.10}$$

通过式(2.10)计算的正压力 N 可缩小由假设条件所产生的误差。

2.3.4　摩擦系数的计算

将式(2.5)及式(2.10)代入式(2.2)即可求得摩擦系数 μ：

$$\mu=\frac{f}{N}=\frac{T_1-T_1'}{\dfrac{F_1\sin(\alpha+\alpha')}{\sin A}+\dfrac{F_2\sin(\alpha+\alpha')}{\sin B}} \tag{2.11}$$

2.4　试　验　验　证

图 2.12 给出了耦合变形的摩擦系数及带材变形量随试验时间的变化。可以看出，研制的耦合变形的摩擦试验机可实现摩擦磨损与塑性变形耦合的功能。

由图 2.12(a)可知，试验机对试验条件变化的敏感度很高，可以较准确地反映试验过程中摩擦副的摩擦系数变化；图 2.12(b)给出了在 4kg 载荷作用下，压头压下量分别为 20mm、30mm 和 40mm(对应的压头正压力分别为 68~70N、98~110N、125~132N)时，钢带随试验时间延长的塑性变形变化情况，三种试验条件下的塑性变形量均呈现出相似的对数增长规律；图 2.12(c)则反映了钢带在试验过程中的磨损情况。

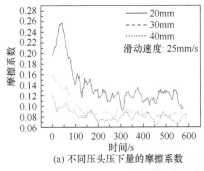
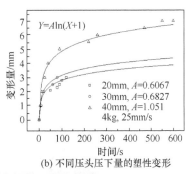

(a) 不同压头压下量的摩擦系数　　　　(b) 不同压头压下量的塑性变形

(c) 压头压下量30mm磨损形貌

图 2.12　耦合变形的摩擦系数及带材变形量随试验时间的变化曲线

　　上述试验机可行性验证试验结果表明，设计制造的耦合变形的摩擦试验机基本实现了初期设计目标，可以满足耦合变形的摩擦试验需要。

参 考 文 献

[1] 韦习成，薛宗玉，周升. 一种耦合薄金属板带变形的摩擦试验方法 [P]: 中国，200810036386.6.2008

[2] 薛宗玉, 韦习成, 李健. SUS304 亚稳奥氏体不锈钢在耦合摩擦和变形条件下的磨损行为研究[J]. 润滑与密封, 2007, 32(11): 78-81.

[3] 薛宗玉, 周升, 韦习成. 摩擦耦合变形条件下奥氏体不锈钢的摩擦学性能研究[J]. 摩擦学学报, 2009, 29(5): 405-411.

第 3 章 摩擦耦合变形条件下的马氏体转变

不锈钢自 20 世纪初发明以来,因具有优良的抗氧化性和耐腐蚀性能得到了广泛应用。发展至今,不锈钢甚至有逐步取代传统碳钢的趋势。Fe-Cr-Ni 系奥氏体不锈钢的良好耐热性、耐蚀性、低温强度和力学性能以及优异的加工特性赋予其在食品、化工、医药和核工业等领域广泛应用,其产量已占据世界不锈钢市场份额的 70%[1,2]。在工业生产中,Fe-Cr-Ni 系奥氏体不锈钢板相当部分采用的是拉深成形工艺。在拉深成形过程中,奥氏体不锈钢板与模具易发生黏着、形成黏结瘤,继而擦伤成形件表面,由此造成大量的直接或间接损失。

在摩擦学理论中,改善或避免摩擦副间发生黏着磨损的主要方法是避免使用金属配对副;在使用金属配对副时应优先采用体心立方或者六方结构的金属,而避免采用面心立方结构的金属,尤其是要避免采用奥氏体不锈钢[3,4]。另外,材料表层硬度的提高也有利于改善其摩擦磨损性能。奥氏体不锈钢在拉深成形过程中同时发生了摩擦磨损和塑性变形,由此产生的应力/应变以及摩擦等因素均可诱发奥氏体向马氏体的转变。国内外有关亚稳奥氏体不锈钢的摩擦学研究发现:在滑动摩擦过程中,赫兹接触应力无论是在材料的弹性极限以下还是以上,磨痕表面均存在转变的马氏体、表层组织超细化和严重的塑性变形、表层硬度增加等现象。因此,在奥氏体不锈钢的成形过程中,剧烈的塑性变形以及伴随产生的应力在诱发马氏体相变的同时也提高了不锈钢表层的显微硬度,这为改善奥氏体不锈钢在成形过程中的黏着磨损问题提供了理论可能,但也有可能恶化其摩擦学行为。

本章依据上述理论和实际,针对亚稳奥氏体不锈钢板在成形过程中与模具的黏着磨损问题,以 SUS304 亚稳奥氏体不锈钢为研究对象,通过研究其与冷作模具钢 DC53 配副时的摩擦磨损性能、摩擦表面和次表层马氏体转变现象以及相变马氏体对摩擦磨损行为的反馈效应,建立薄钢板耦合变形的摩擦试验方法,为优化其摩擦学行为、改善成形件表面质量和提高模具寿命提供依据。

3.1 预应变对奥氏体不锈钢室温拉伸性能的影响

3.1.1 预应变条件下的应力-应变曲线

图 3.1 为 SUS304 亚稳奥氏体不锈钢试样不同预应变后单向拉伸试验的工程

应力-应变曲线。可以发现，经预应变处理后的奥氏体不锈钢试样在静态拉伸试验中表现出稳定的力学性能，其强度随预应变增大而提高，延伸率随预应变增大而减小，说明预应变对亚稳奥氏体不锈钢的力学性能有较大影响，呈现出较强的加工硬化特性[5-8]。

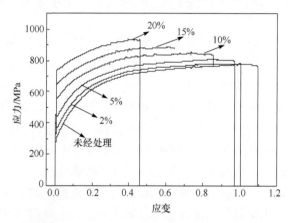

图 3.1　不同预应变状态下 SUS304 不锈钢试样单向拉伸的应力-应变曲线

　　应力-应变曲线在均匀塑性变形阶段呈现的阶梯状线段表明，此阶段的变形使得不锈钢内产生了大量形变孪晶，它在分割和细化晶粒的同时，使不锈钢获得了更好延展性，而形变孪晶的产生主要是由于不锈钢奥氏体基体中存在的大量位错及其本身的层错能较低。不锈钢试样在拉伸试验中表现出良好的均匀塑性变形能力，且在断裂前无颈缩出现，这可能与基体中的相变马氏体以及形变孪晶有关。在 316L 不锈钢应变过程中，位错、堆垛层错和孪晶是影响材料加工硬化效应的主要因素，但在不同应力状态下的主导因素有所不同。当应力在 400MPa 以下时，位错作用是材料强化的主要影响因素，当应力为 400～600MPa 时，强化主导因素是零散分布的堆垛层错带(<1μm)；当应力超过 600MPa 时，大量存在的堆垛层错带(>1μm)和形变孪晶共同成为主导材料强化的因素。这些因素也可解释 SUS304 不锈钢的加工硬化效应。

　　图 3.2 给出了 SUS304 不锈钢拉伸试样的屈服强度、抗拉强度和断后延伸率随预应变的变化。由图可见其屈服强度、抗拉强度和断后延伸率都随预应变呈线性增减关系。图中直线是线性拟合的结果，其关系分别如下：

$$R_{el} = 314.87142 + 21.17864\varepsilon \tag{3.1}$$

$$R_m = 769.95534 + 8.4385\varepsilon \tag{3.2}$$

$$A = 1.09982 - 0.02811\varepsilon \tag{3.3}$$

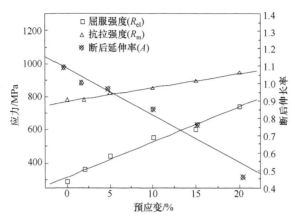

图 3.2　SUS304 不锈钢的强度和断后延伸率随预应变的变化

由上可知，SUS304 不锈钢的屈服强度随预应变增大的变化较抗拉强度要剧烈得多，从原始 280MPa 左右升高到预应变 20%后的 740MPa 左右，升高了460MPa；抗拉强度从原始 780MPa 升高到预应变 20%后的 940MPa，仅升高了160MPa。考虑到实际应用中一般只计算应变对不锈钢屈服强度的影响，故在研究中重点研究预应变造成奥氏体不锈钢屈服强度剧烈变化的内在原因。在强度随预应变增大升高的同时，不锈钢的塑性随预应变增大不断减小，其断后延伸率从原始的 110%一直减小到预应变 20%后的 48%，塑性损失极为严重。

不同预应变的 SUS304 不锈钢试样在拉伸试验中表现出的强度升高、塑性下降的加工硬化效应除和位错、堆垛层错及形变孪晶相关外，还与应力/应变诱发的相变马氏体存在一定的关系[9]。诱发产生相变马氏体的不锈钢相当于"自生复合材料"，强化相相变马氏体的存在在很大程度上提高了材料的强度，表现为强烈的加工硬化效应。

绝大多数金属材料在塑性变形过程中均会表现出一定的加工硬化效应[10]，在力学性能上表现为强度升高、塑韧性下降。以上研究表明，预应变可以使SUS304 不锈钢产生加工硬化行为，结果证明：①SUS304 不锈钢中处于亚稳态的奥氏体基体在应力应变作用下诱发了向马氏体的转变[9,11,12]；②塑性变形促使SUS304 不锈钢基体产生形变孪晶。后续将对相变马氏体随预应变的转变行为进行研究。

3.1.2　预应变与相变马氏体

本节选取预应变试样中的一组，对预应变的不锈钢试样进行定性和定量的相分析，以研究应力/应变诱发转变的马氏体对奥氏体不锈钢力学性能的影响，分析部位为不锈钢预应变试样表面。

图3.3为SUS304奥氏体不锈钢在不同预应变后的X射线衍射(X-ray diffraction, XRD)结果。其中,图3.3(a)为预应变试样在35°～100°的XRD图,图3.3(b)～(e)为其局部放大图。可以看出,预应变后奥氏体不锈钢中发生了γ-Fe向α-Fe的转变,且随预应变增大,马氏体衍射峰强度不断增强(见$\alpha(110)$、$\alpha(200)$和$\alpha(211)$),而奥氏体衍射峰强度不断减弱(见$\gamma(111)$、$\gamma(200)$、$\gamma(220)$和$\gamma(222)$)。也就是说,随预应变的增大马氏体转变量增加。

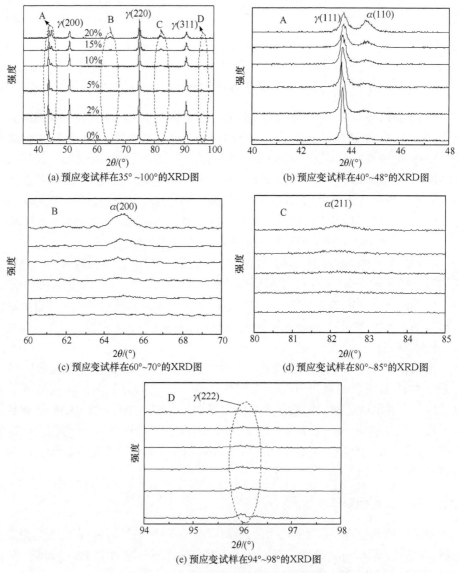

(a) 预应变试样在35°～100°的XRD图

(b) 预应变试样在40°～48°的XRD图

(c) 预应变试样在60°～70°的XRD图

(d) 预应变试样在80°～85°的XRD图

(e) 预应变试样在94°～98°的XRD图

图3.3 奥氏体不锈钢预应变试样的XRD测试结果

具有相变诱发塑性(transformation induced plasticity,TRIP)效应的奥氏体不锈钢的形变诱发奥氏体向马氏体转变的特性已被应用于改善材料的加工性能,有关奥氏体不锈钢及 TRIP 钢的研究中也得到了与上述结果相似的结论[9,11,12]。这说明对奥氏体不锈钢的预应变不仅可诱发奥氏体向马氏体转变,更重要的是影响材料的力学行为,因此如何有效利用预应变的功能实现研究和生产应用是值得探讨的。

利用上述结果,采用直接对比法[13]定量计算了应变诱发转变的马氏体量,并以此分析马氏体转变对不锈钢力学行为的影响,结果如图 3.4 所示。可以看出,转变的马氏体体积分数随预应变的增大而增大,且呈现如下的指数函数关系:

$$f_m = 1.95328\exp\left(\frac{\varepsilon}{8.16964}\right) \tag{3.4}$$

式中,f_m 为马氏体体积分数;ε 为应变。

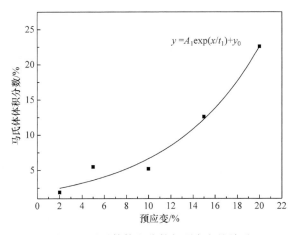

图 3.4　马氏体体积分数与预应变的关系

在有关应变诱发奥氏体向马氏体转变的研究中,其相变动力学一般作为真应变 ε 的函数,其中广泛接受的是 OC 模型[14],即

$$f_m = 1 - \exp\left\{-\beta\left[1 - \exp(-\alpha e)\right]^n\right\} \tag{3.5}$$

式中,f_m 为转变的马氏体体积分数;α 为与温度和层错能相关的系数;β 与在剪切带中形成马氏体核心的概率成正比,其取值与特定材料相关;n 为常数;e 为真应变(注意和本研究中 ε 区别)。

和式(3.5)比较,式(3.4)中只考虑了应变 ε,而未将其他因素的影响包括其中,因此,它只能在本研究中用于对相变马氏体量的粗略估算。但两式都表明,应变可诱发奥氏体向马氏体的转变,且呈现指数增长关系。

3.1.3 预应变对加工硬化的影响

1. 加工硬化率

根据式(3.6)、式(3.7)的真应力(S)和真应变(e)和工程应力与工程应变的换算关系，对 S、e 作图并求导(dS/de)可得图 3.5 所示的加工硬化率曲线(dS/de-e)和真应力-真应变曲线(S-e)。

$$S = (1+\varepsilon)\sigma \tag{3.6}$$

$$e = \ln(1+\varepsilon) \tag{3.7}$$

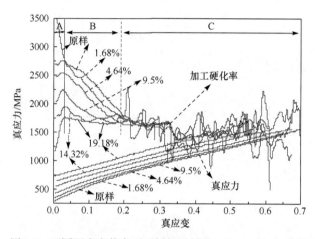

图 3.5　不同预应变状态下不锈钢试样的 dS/de-e 和 S-e 曲线

由图 3.5 可知，对预应变的不锈钢试样，其加工硬化率随真应变的变化情况和稳态材料有所不同[15]，可以将其划分为三个阶段，分别为 A、B 和 C。

在 A 阶段(e: 0～0.04)，不锈钢的加工硬化率随预应变增大而减小。结合 3.1.2 节可知，试样在 A 阶段的加工硬化率随马氏体预转变量的增大而减小，但其各自随真应变的变化情况有所差异。其中，原始试样的 dS/de 随 e 的增大而减小，其余发生马氏体预转变试样的 dS/de 随 e 的增大而增大。结合试样在拉伸试验前的状态，上述现象的主要原因可能是不同预应变诱发不同量的预转变马氏体。拉伸前试样中存在的马氏体直接导致不锈钢加工硬化率的降低以及在应变初始阶段 dS/de 随 e 增大而增大的现象。

在 B 阶段(e: 0.04～0.2)，右边界的真应变随预应变的增大而增加。不锈钢在此阶段的加工硬化率随马氏体预转变量的增大而减小，且其各自随真应变的增大而减小。在经历了阶段 A 之后，试样中有更多的相变马氏体，但在 B 阶段中初始拥有较多预转变马氏体的试样仍然维持较高的马氏体量，在 dS/de-e 图中就直接表现为较低的加工硬化率。

在 C 阶段，试样在经过较大程度变形后，马氏体转变量趋于稳定(图 3.6)，各试样的加工硬化率变化也趋于一致，不再随初始马氏体预转变量的不同而有较大差异。但与 A、B 阶段不同，dS/de 随 e 剧烈地波动。此现象可能是应力/应变诱发转变的马氏体内位错作用以及形变孪晶作用造成的[16]，与图 3.1 的应力-应变曲线中的阶梯状变化有关。张旺峰等[17]的研究也显示了基本一致的结果。综上所述，在一定应变范围内，奥氏体不锈钢在拉伸过程中的加工硬化率会随其初始马氏体预转变量的增加而减小。相关研究指出，奥氏体不锈钢加工硬化率的上升源自其中的马氏体转变，而且马氏体转变越快，加工变硬化率上升也越快[18,19]。

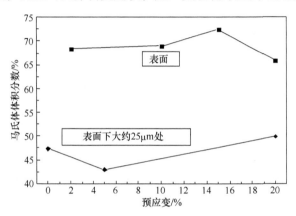

图 3.6　拉伸试验后不锈钢试样中的马氏体转变量

另外，图 3.5 所示的 dS/de-e 曲线和 S-e 曲线的相互关系表明，不锈钢试样在拉伸过程中表现出良好的均匀塑性变形能力。这也可以从图 3.3 中无颈缩塑变阶段的应力-应变曲线看出，和原始状态的拉伸试样相比，预应变，亦即马氏体预转变对奥氏体不锈钢的失稳塑性能力基本没有影响。

2. 加工硬化指数

在金属材料拉伸真应力-真应变曲线上的均匀塑性变形阶段，Hollomon 关系式[式(3.8)]广泛用于描述其加工硬化特性。

$$S = Ke^n \tag{3.8}$$

式中，S 为真应力；e 为真应变；n 为应变硬化指数；K 为硬化系数，是真应变等于 1.0 时的真应力。

采取上述模型意味着加工硬化指数 $n=d(\ln S)/d(\ln e)$ 为常数，且双对数 $\ln S$-$\ln e$ 关系表现为直线。根据奥氏体不锈钢的工程应力-应变曲线求得的 $\ln S$-$\ln e$ 关系曲线和 n 值分别如图 3.7 和图 3.8 所示。其中，图 3.8 中 n 值是按照在工程应力-应变曲线上的均匀塑性变形阶段，每隔 1.5% 的应变区间利用 Hollomon 关系式求得的。

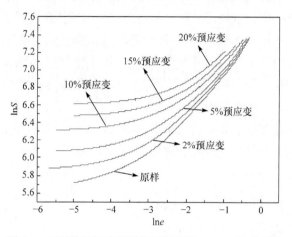

图 3.7 双对数坐标中奥氏体不锈钢的 ln$S$-ln$e$ 关系曲线

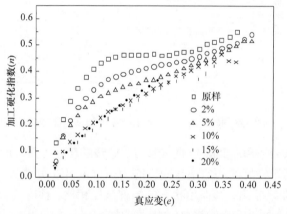

图 3.8 不同预应变状态下不锈钢试样的 n 值随真应变变化的情况

可以看出，预应变后试样的双对数关系 ln$S$-ln$e$ 呈现近似指数上升的关系，n 值表现出类 S 型曲线，而非稳态材料的直线关系和恒定 n 值。因此，Hollomon 关系并不适合计算奥氏体不锈钢的 n 值。Soussan 等[20]的研究提出并验证了一个较适合描述亚稳奥氏体不锈钢加工硬化行为的数学模型：$\sigma = K^{n_1 + n_2 \ln \varepsilon}$，即奥氏体不锈钢在形变过程中表现出的是一种所谓双 n 值行为。他们指出，奥氏体不锈钢的这种 n 值变化主要是由应变过程中马氏体转变引起的，因此奥氏体不锈钢的 n 值随马氏体预转变量的增大而减小。

此外，加工硬化指数 n 一般和层错能有关，其值随层错能的降低而增大，而预应变使得不锈钢产生了不同程度的马氏体转变，从而引起材料层错能的升高（α-Fe：250mJ/m^2，18-8 钢：<10mJ/m^2）。

通过以上分析得出：

(1) SUS304 奥氏体不锈钢在预应变作用下表现出较为剧烈的加工硬化行为，其屈服强度和抗拉强度均与预应变间为线性增长关系，且屈服强度的变化更为剧烈，试样断后延伸率与预应变之间为线性减小关系。

(2) SUS304 奥氏体不锈钢在预应变作用下发生了奥氏体向马氏体的转变，转变量随预应变的变化呈指数增长。

(3) SUS304 奥氏体不锈钢的加工硬化指数 n 随预应变的增加而减小，且在拉伸的不同阶段表现为不同的变化情况，即双 n 值行为。

3.2　摩擦耦合变形过程中的应力有限元模拟

随着计算机技术的日益普及，特别是计算机辅助设计(computer aided design,CAD)、计算机辅助工程(computer aided engineering,CAE)、计算机辅助制造(computer aided manufacturing,CAM)在工业界的日益成熟和普及,有限元分析技术极大地提高了工业设计和生产效率，为提高社会生产力发挥了越来越重要的作用，已经发展成为计算机辅助分析的核心[21]。用 CAE 方法可以减少或避免物理测试过程，通过计算机模拟最恶劣载荷和工况下零件或结构的工作情况，准确地计算其应力应变，使产品在设计阶段就能够对其数学模型的各项性能进行评估，及早发现设计上存在的问题，从而大大缩短设计开发周期。作为目前国内最为流行的 ANSYS 软件，在工程计算、教学实践和科学研究方面已经积累了大量的应用实例[22]。

为了更清晰地了解摩擦耦合变形过程的详细情况，以及摩擦对该试验条件下钢带受力的影响，本节运用 ANSYS 软件对该过程进行模拟，分析该过程的应力应变分布情况，以指导试验的分析[23-26]。

3.2.1　有限元模型选择

1. 材料模型

ANSYS/LS-DYNA 支持比 ANSYS 隐式更大的材料库，它几乎能模拟任何实际问题。塑性材料模型包含 ANSYS/LS-DYNA 中大多数非线性非弹性材料。要根据所分析材料的类型、应用领域和材料常数的可获取性来选择某个特定塑性模型。为分析材料选择正确的类别非常重要，而在某类别内选择特定的模型与之相比就不那么重要了，这通常取决于材料数据的可获取性。塑性模型可以分为如下五类：

类别 1，应变率和塑性无关的各向同性材料。

类别 2，应变率和塑性相关的各向同性材料。

类别 3，应变率和塑性无关的各向异性材料。

类别 4，压力相关塑性。

类别 5，温度敏感塑性。

其中，类别 2 包括以下模型：

2a，塑性随动，带有失效应变的 Cowper-Symonds 模型。

2b，幂率硬化，带有强度和硬化系数的 Cowper-Symonds 模型。

2c，分段线性，带有多线性曲线和失效应变的 Cowper-Symonds 模型。

2d，率相关，通过载荷曲线和失效应力定义应变率。

2e，应变率敏感，超塑性成形的 Ramburgh-Osgood 模型。

模型 2a～2d 可用于一般材料和各向同性材料的塑性成形分析，模型 2a～2c 利用 Cowper-Symonds 模型，模型的屈服应力与应变率因子有关。

大多数工程材料(如钢铁)都是各向同性的。本章采用分段线性模型。

分段线性模型与 ANSYS 隐式中的 TB、MISO 模型类似，在求解时非常有效，通常用于碰撞分析。用有效真应力与有效真应变载荷曲线定义应力应变行为，输入失效应变，以确定需要删除的单元，屈服面由 Cowper-Symonds 模型进行缩放。

为了节省计算时间，对于不考虑其变形的部分，一般采用刚体材料。刚体材料即声明一种材料是刚性的，这种材料构成的梁、壳和实体单元都为刚体。刚体材料的弹性模量不能任意大。ANSYS/LS-DYNA 用弹性模量计算接触罚刚度，而接触罚刚度决定了接触穿透。如果材料声明为刚性，那么任何属于这种材料的单元必须属于同一刚体。因此，分配材料属性时必须非常小心。最好考虑使用集合(Part)，采用完全相同的单元类型、实常数集和材料来定义各种不同的集合。

大多数非线性有限元分析精确性的关键在于材料常数的质量。为了得到最好的结果，应该从材料供应者那里得到材料常数或者进行材料特性分析。

ANSYS/LS-DYNA 材料库提供许多特性，其中包括考虑应变失效的应变率相关塑性材料模型、温度相关和温度敏感塑性材料模型、状态方程和空材料模型(鸟撞分析等)。

ANSYS/LS-DYNA 材料库中大多数材料需要输入密度(DENS)、弹性模量(EX)和泊松比 (NUXY 或 PRXY)，这些定义都使用 MP 命令。一些材料模型需要输入载荷曲线。这些曲线用来定义材料的两个变量的相关性，如屈服应力随塑性应变的变化。通常，应力应变数据是指真应力与真应变。

2. 单元模型

ANSYS/LS-DYNA 程序可以定义八种不同的单元：LINK160，为 3D 显式杆单元(类似于 LINK8)；BEAM161，为 3D 显式梁单元(类似于 BEAM4)；PLANE162，为 2D 显式平面体单元(类似于 PLANE42)；SHELL163，为 3D 显式薄壳单元(类似于 SHELL181)；Solid164，为 3D 显式体单元(类似于 SOLID185)；COMBI165，

为 3D 显式弹簧阻尼单元(类似于 COMBIN14)；MASS166，为 3D 显式结构质量单元(类似于 MASS21)；LINK167，为 3D 显式索单元(类似于 LINK10)。除 PLANE162 以外(平面应力、平面应变或轴对称)，其他显式单元都是三维单元。显式单元族在以下方面与 ANSYS 隐式单元明显不同：

(1) 每种显式单元几乎对所有的材料模型有效。在 ANSYS 隐式中，不同的单元类型仅适用于特定的材料模式，如超弹单元(HYPER56,58,74)和黏弹单元(VISCO106,108)，尽管现在新的 18X 隐式单元允许多种材料选项。

(2) 大多数显式单元有许多不同的算法，如 SHELL163 最多有 12 种算法。历史上，隐式单元根据不同的算法给单元以不同的名字(如 SHELL43 和 63)，现在新的 18X 隐式单元正向这个趋势发展。

(3) 显式单元支持 ANSYS/LS-DYNA 所允许的所有非线性选项。所有的显式动力学单元具有一次线性位移函数。目前尚没有高阶的二次位移函数。

(4) 在 ANSYS/LS-DYNA 中，没有带额外形函数和中间节点的单元及 P-单元。每种显式单元默认为单点积分单元。

缩减积分单元是使用最少积分点的单元。一个缩减积分体单元在其中心有一个积分点，一个缩减积分壳单元有一个平面内积分点，但沿着壳的厚度可以设置多个积分点。

全积分单元主要用于 ANSYS 隐式中。在 ANSYS/LS-DYNA 中，全积分体单元有 8 个积分点，全积分壳单元有 4 个平面内积分点(沿着壳的厚度有多组积分平面)。

缩减积分通过缩短单元处理时间来减少 CPU 时间，所以缩减积分通常是 ANSYS/LS-DYNA 中默认的形式。除了节省 CPU 时间，单点积分单元有利于大变形分析。ANSYS/LS-DYNA 单元能经历比 ANSYS 单元大得多的变形。

缩减积分单元有两个主要的缺点：可能出现零能模式的变形 (沙漏)；应力结果的精度直接与积分点的个数相关。

沙漏是一种以比结构全局响应高得多的频率振荡的零能变形模式。沙漏模式导致一种在数学上是稳定的，但在物理上无法实现的状态。它们通常没有刚度，变形呈现锯齿形网格。在分析中沙漏变形的出现使结果无效，所以应尽量减小和避免。如果总体沙漏能超过模型总体内能 10%，那么分析可能就是无效的，有时甚至 5%的沙漏也是不允许的。

一般通过附加的刚度或黏性阻尼来控制沙漏。在 ANSYS/LS-DYNA 中控制沙漏的常用方法如下：

(1) 避免能够激起沙漏模式的单点载荷。因为一个被激励的单元会将沙漏模式传递到周围的单元，所以不要施加单点载荷。如果可能，尽量将载荷像压力那样施加到多个单元上。

(2) 细化网格通常减少沙漏，但是一个大的模型通常会增加求解时间并使结果文件增大。

(3) 全积分单元可以避免沙漏，但根据不同应用，要以求解速度、求解能力甚至求解精度为代价。另一种选择，可以在网格划分时，分散一些全积分的种子单元于模型中从而减少沙漏。PLANE162 无全积分模式，梁单元不需要全积分。

极力反对用退化的四面体网格，一个完全四面体网格甚至不能运行。对显式动力学单元使用映射网格，拖拉生成的三棱柱单元可以接受，但是应尽可能保持接近立方体的实体形状。

采用实体单元 Solid185 及其对应显式求解中的 Solid164。

Solid185 单元是三维 8 节点实体，用来模拟三维实体；由 8 个节点定义，每个节点 3 个自由度：x、y、z 方向；具有塑性、超弹性、应力强化、徐变、大变形、大应变能力；可用来模拟几乎不能压缩的次弹性材料和完全不能压缩的超弹性材料的变形。

Solid164(三维 8 节点实体)有两种实体单元算法。默认形式为单点积分实体(整个单元中常应力)，这种算法对于单元大变形单元非常快和有效，但是通常需要沙漏控制来阻止沙漏模式。另一种为全积分实体，该算法比较慢，但无沙漏。对于高泊松比，会同时出现剪切锁定和体积锁定，得到比较差的结果，精度比默认算法对单元形状更敏感，在特定区域用来降低病态效应。本章有限元模拟分析中的显式计算选用此种单元的单点积分形式。

总之，对于单元的选用，应遵循以下大体原则：尽量避免小单元，因为它将大大减小时间步，从而增加求解时间。如果小单元不可避免，那么使用质量缩放；减少使用三角形、四面体和棱柱单元，尽管程序支持，但不推荐使用；避免尖角单元和翘曲的壳，因为它们将降低结果精度；在需要沙漏控制的地方使用全积分单元，但是全积分六面体单元会导致体积锁定(由于泊松比接近 0.5)和剪切锁定(如剪支梁的弯曲)。

3. 接触模型

在 ANSYS/LS-DYNA 中，定义接触有很多方法。不同之处包括接触面如何描述、接触罚函数如何表达，以及不同算法间存在的优缺点。对一些接触模型，接触面用来定义接触体的表面，这与 ANSYS 隐式中的新的面对面算法是类似的，不同的是 ANSYS/LS-DYNA 会通过指定的节点组元自动生成接触面。另外一些接触模型允许模型的任何表面与其他表面接触，包括它本身。这种完全任意接触实际上是最容易定义的，而且在预先不知道接触表面(如整车碰撞模拟)时是非常有用的。

一般来说，当一个接触(从)节点或接触面穿透目标(主)面时，恢复力(罚力)会迫使其返回边界。接触罚刚度由 LS-DYNA 程序基于接触体的弹性模量自动计算而得。这就是在定义刚体(材料)时，必须定义真实的弹性模量的重要原因。

ANSYS/LS-DYNA 可以模拟很大范围的接触状态：表面抛光，通过定义带有剪切失效应力的速度相关的摩擦来实现；侵蚀接触，当表面单元失效时，允许接触表面延伸到内部单元；边缘接触，允许一个壳单元的边检测另一个壳的边，不同于面面接触的一种特性。

在 ANSYS/LS-DYNA 中定义接触时，只需要简单地指出接触表面(非总是必须的)、接触类型以及与给定接触类型相关的任何特定参数。许多不同的接触类型可以使用,因此确定哪一种接触类型能最准确地描述所建模型常常是非常困难的。理解 ANSYS/LS-DYNA 所提供的不同接触算法和接触类型对正确选择给定模型的接触面是非常重要的。

接触算法是程序处理接触面的方法。有三种不同的算法：单面接触、点对面的接触、面对面的接触。其中面对面接触算法对产生大量相对滑移的接触(如一个木块在平面上的滑移)非常有效，其特点为：当一个体的表面穿透另一个体的表面时，采用面对面接触算法建立接触；面对面接触是完全对称的，因此接触面与目标面的选择是任意的；对于面对面接触,需要定义接触面和目标面节点组元或 part (或 part 集)号，节点可以属于多个接触表面；面对面接触是一种普遍的算法，常应用到具有大的接触区域且接触表面已知的情况。

本章采用面对面接触中的自动接触类型。自动接触类型的特点是：自动接触考虑壳体单元两侧的接触，壳体接触表面的方向是自动确定的；恢复力将随着接触节点穿透目标表面而持续增加，但只能增加到一点，这是由于壳单元的两个面都需要检测。

3.2.2　有限元模型的建立

按照耦合板带与冲压模具的滑动摩擦与变形的接触形式，建立了图 3.9 所示的有限元模型。其中钢带材料为 SUS304 奥氏体不锈钢，长 300mm、宽 6mm、厚 0.5mm；压头材料为 DC53 模具钢，其接触面半径为 20mm、厚 12mm。

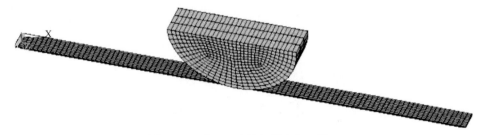

图 3.9　压头下压摩擦钢带有限元模型

首先，在隐式计算中，在钢带右端预先施加一定的载荷，转入显式计算，使压头下压一定量，再赋予钢带一定的摩擦速度。隐式计算中，钢带左端全部约束，右端约束 Y、Z 方向的自由度，对偶压头全部约束。在钢带右端 X 方向施加一定的拉力载荷，求解出预应力，然后转入显式计算。转换单元类型及材料模型参数，移除对偶压头的约束。约束钢带两端及对偶压头 X、Y 方向的自由度，让压头在 Z 方向下压一定量压紧钢带，并对其加载一定的滑动速度摩擦钢带，实现摩擦耦合变形过程。

考虑到在摩擦耦合变形的过程中，钢带沿厚向的应力应变变化不同，采用实体单元。隐式求解中采用 Solid185，对应显式求解中的 Solid164。Solid164 单元是一种 8 节点实体单元。默认时，它应用缩减(单点)积分和黏性沙漏控制，以得到较快的单元算法。采用 sweep 方式划分网格。压头和钢带单元数分别为 1152、6300。

在隐式中，定义压头、钢带均为线弹性材料，材料参数见表 3.1。隐式算法采用 Precondiction CG 求解器。显式中，定义压头为刚体，钢带定义为分段线性塑性材料模型。该模型可用于模拟各种应变硬化的金属材料，还可根据塑性应变定义失效。钢带的应力-等效塑性应变曲线如图 3.10 所示。

表 3.1　钢带和压头的材料参数

材料	密度/(kg/m³)	弹性模量/GPa	泊松比	屈服强度/MPa
钢带	7850	206	0.25	220
压头	7930	180	0.3	—

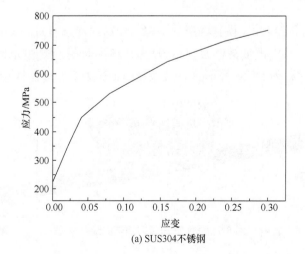

(a) SUS304不锈钢

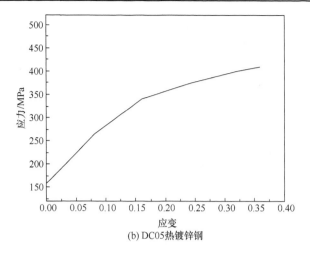

(b) DC05热镀锌钢

图 3.10　钢带应力-等效塑性应变曲线

图 3.10(a)、(b)分别为 SUS304 不锈钢和 DC05 热镀锌钢的应力-等效塑性应变曲线。曲线中的等效塑性应变为总的真实应变减去弹性应变。

接触形式定义为 ANSYS Multiphysics /LS-DYNA 中的 ASTS 自动面对面接触算法，设定动摩擦系数为 0.15～0.25。

3.2.3　隐式-显式序列求解法

在有限元分析软件中，隐式多用于静力分析，显式多用于动力分析。隐式-显式序列求解是指使用隐式求解器得到模型的初始应力，然后在显式动力分析之前将其加到结构中。隐式-显式求解过程广泛应用于初始应力影响动态响应的工程问题。初始应力称为预载荷，当其影响被分析结构的动力响应时则包含于显式分析中。如果不能确定预载荷是否影响系统的动态响应，则进行隐式-显式序列求解。本章研究中应用于耦合变形摩擦试验的钢带有预应力，因此选择隐式-显式序列法。

隐式-显式序列求解的隐式部分仅能用于小应变和线性材料。在隐式-显式求解中，来自 ANSYS 隐式求解的节点位移和转动被自动写到 ANSYS/LS-DYNA 动力松弛文件(drelax)中。在隐式分析阶段，仅用于显式求解的单元应被完全约束住。进行隐式-显式序列求解需要 8 个基本步骤：

(1) 进行隐式求解。

(2) 为进行显式求解改变当前的作业名。

(3) 将隐式单元转换为与之对应的具有适当属性的显式单元(关键选项、实常数、材料特性等)。

(4) 移走进行隐式分析时所加的附加约束。

(5) 将来自隐式分析的节点结果写到动力松弛文件中。

(6) 使用动力松弛文件初始化用于显式分析模型的几何形状。

(7) 给显式分析施加另外的载荷条件。

(8) 进行显式求解。

隐式阶段,定义材料的材料模型(图 3.11)。材料 1 为钢带,材料 2 为摩擦压头。此处钢带与压头都定义为弹性材料。单元类型都为 Solid185。

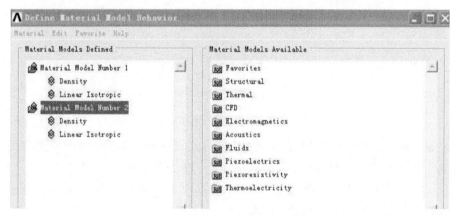

图 3.11　材料模型选择对话框

单元类型、材料类型定义好之后,对模型划分网格。然后施加边界条件:压头施加 X、Y、Z 三个方向的约束;钢带左端固定,右端约束其 Y、Z 方向,对其沿 X 正方向施加面力(Press)。将结果定义为隐式求解结果,在求解选项中选择 Equation Solvers 的 Pre-Condition CG 选项,然后求解(图 3.12)。

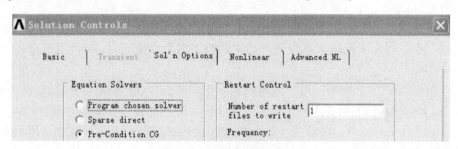

图 3.12　求解器选择对话框

隐式求解完成后,将隐式 Solid185 单元转换为与之对应的具有适当属性的显式单元 Solid164,生成 Part。在之前的隐式计算中,显式运算所需的额外节点和单元都完全被约束住了,因此在进行显式计算之前,需要移走隐式计算中附加的约束,然后将来自隐式分析的节点结果写到动力松弛文件 drelax 中(图 3.13~图 3.15)。

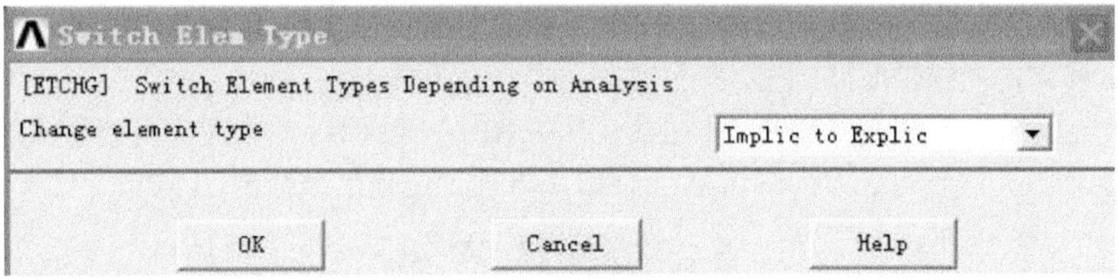

图 3.13　隐显式转换对话框

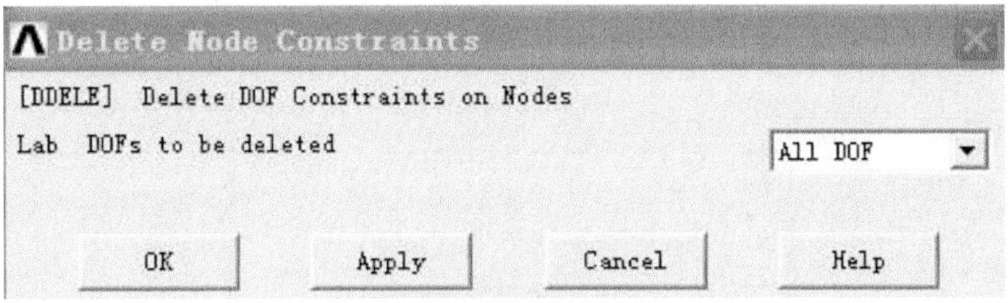

图 3.14　去除约束对话框

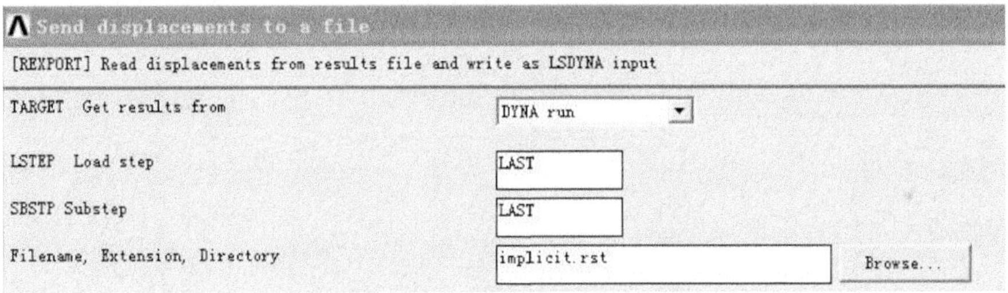

图 3.15　读入隐式结果文件对话框

因为在隐式计算中只能激活弹性材料，所以在显式分析时要对材料加入塑性特性。因此，要重新定义材料模型。钢带定义为分段线性塑性模型(材料 1)，摩擦压头定义为刚体(材料 2)(图 3.16)。

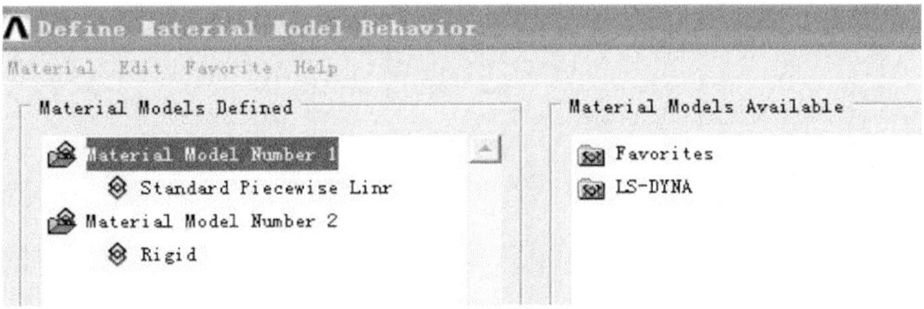

图 3.16　显式材料模型选择对话框

　　钢带左端固定，右端固定 Y、Z 方向，于 X 方向施加时间-位移载荷，大小根据试验测得的钢带时间-变形量确定。

　　定义接触算法为 ASTS，并加载，其中 RBUZ 和 RBVX 分别代表载荷施加在刚体上，其特征为 Z 方向的位移载荷和 X 方向上的速度载荷(图 3.17)。

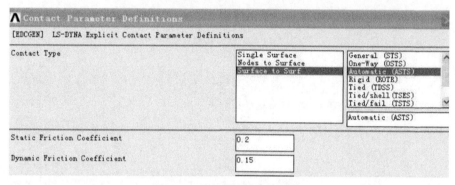

图 3.17　接触类型选择对话框

　　给压头两个方向的运动：沿 Z 方向下压钢带，沿 X 方向摩擦钢带(图 3.18)。最后定义输出文件类型和输出频率(图 3.19 和图 3.20)。

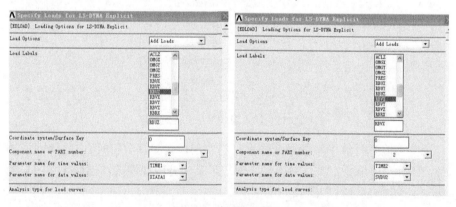

图 3.18　加载对话框

图 3.19　输出文件类型对话框

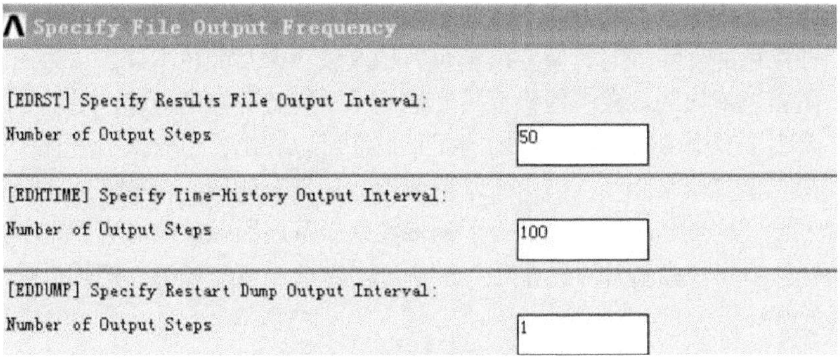

```
∧Specify File Output Frequency

[EDRST] Specify Results File Output Interval:
Number of Output Steps                      [ 50      ]

[EDHTIME] Specify Time-History Output Interval:
Number of Output Steps                      [ 100     ]

[EDDUMP] Specify Restart Dump Output Interval:
Number of Output Steps                      [ 1       ]
```

图 3.20　输出频率对话框

3.2.4　摩擦耦合变形有限元模拟结果分析

1. 有限元模拟应力分布规律

图 3.21 为 SUS304 不锈钢带在右端载荷 138MPa、压下量 30mm、摩擦速度 40mm/s、最终变形量 8mm 时的应力分布云图。

从图 3.21(a)可以看出，SUS304 不锈钢带厚向应力由摩擦表面向中心递减；由于弯曲及拉应力的作用，从下表面向中心的应力也呈递减趋势，上表面应力大于下表面的应力。图 3.21(b)的结果显示，由于摩擦剪切应力和正压力的综合效应，承受摩擦的表面应力明显大于非摩擦面的应力。

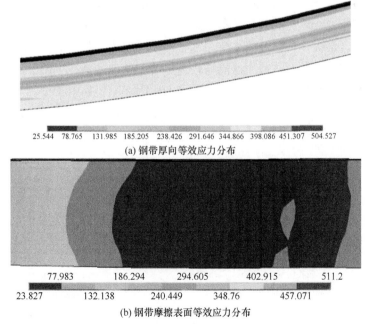

25.544　78.765　131.985　185.205　238.426　291.646　344.866　398.086　451.307　504.527

(a) 钢带厚向等效应力分布

77.983　　186.294　　294.605　　402.915　　511.2

23.827　　132.138　　240.449　　348.76　　457.071

(b) 钢带摩擦表面等效应力分布

图 3.21　SUS304 不锈钢带摩擦表面的等效应力分布图(单位：MPa)

因为该图中相近颜色在图下方所示的色标上处于相邻位置，所以当应力恰好处于两种颜色的交界处时，便会出现应力相差较小但是颜色不同，以致出现表面应力云图颜色不均的现象。但仍很明显地显示了应力分布的规律。

结合表 3.1 中 SUS304 不锈钢的屈服强度可以看出，尽管试验过程中施加的拉伸载荷小于其屈服强度，但由于摩擦剪应力的耦合作用，钢带实际变形量达到 8%左右[27,28]。这正是摩擦应力诱发了钢带在低于其屈服强度的应力条件下产生了明显的塑性变形。模拟计算结果很好地解释了试验中由于摩擦作用耦合的塑性变形现象[27,28]。

2. 试验参数对应力的影响

有效应力是为了工程计算的方便而虚拟的应力概念。有效应力应用了力学的等效原理，根据等效原理，只要物体受到的有效应力相同，所产生的力学效果就完全相同，复杂结构材料和复杂应力条件都必须采用有效应力[29]。

在摩擦剪应力的作用下，试样表层会发生剪切变形和缺陷累积，当达到一定程度时，裂纹会择优在接触面下一定深度形核，并沿垂直和平行于摩擦面的方向扩展，最终发生表层材料的断裂[30]。一般而言，摩擦等效应力的数值越大，磨损越严重[31]。因此，明晰摩擦过程中的主应力、剪应力及等效应力状况有利于合理设计试验参数，进而指导成形工艺制定。

图 3.22(a)显示出了在载荷 128MPa、摩擦速度 40mm/s 下，钢带摩擦耦合变形区的最大剪应力、最大主应力及等效应力随压头压下量的变化。随着压下量增加，最大剪应力、最大主应力和等效应力都呈增大的趋势。其中最大主应力曲线的斜率最大，说明压下量对主应力的影响较为显著。这可能是在压头压紧及与接触表面产生相对滑动摩擦时产生严重黏着磨损的原因之一，如图 3.23 所示。

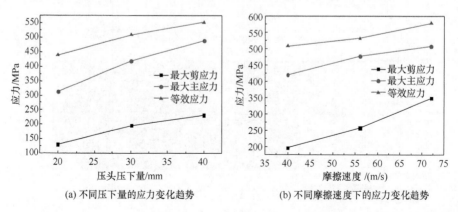

(a) 不同压下量的应力变化趋势　　　　　　(b) 不同摩擦速度下的应力变化趋势

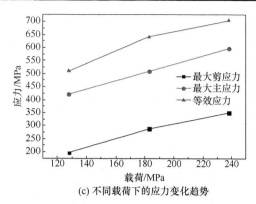

(c) 不同载荷下的应力变化趋势

图 3.22　最大剪应力、最大主应力及等效应力的变化

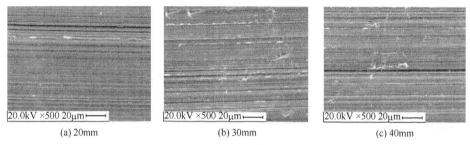

(a) 20mm　　　　　　　　(b) 30mm　　　　　　　　(c) 40mm

图 3.23　不同压下量下 SUS304 不锈钢带试样磨损表面 SEM 图

图 3.22(b)给出了在载荷 128MPa 和压下量 30mm，不同摩擦速度对钢带摩擦耦合变形最大剪应力、最大主应力及等效应力的影响。可以看出，随着摩擦速度增大，最大剪应力、最大主应力和等效应力都呈增大趋势，但与压下量的影响不同，摩擦速度主要影响最大剪应力。剪应力使硬质点与表面产生了较大的相对位移，从而使钢带表面产生了犁削磨损，如图 3.24 所示。

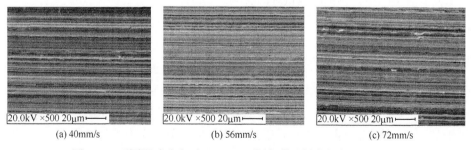

(a) 40mm/s　　　　　　　(b) 56mm/s　　　　　　　(c) 72mm/s

图 3.24　不同滑动速度下 SUS304 不锈钢带试样磨损表面 SEM 图

图 3.22(c)给出了在压下量 30mm 和摩擦速度 40mm/s 下，载荷对钢带摩擦耦合变形区最大剪应力、最大主应力及等效应力的影响。最大剪应力、最大主应力

和等效应力随载荷增大的增加趋势基本一致且幅度相当。这说明载荷对剪应力、主应力的影响大致相当，均会增大磨痕深度和宽度，加剧磨损。这与磨损随载荷的变化趋势一致，如图 3.25 所示。

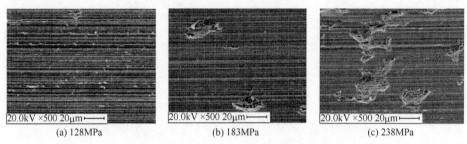

    (a) 128MPa   (b) 183MPa   (c) 238MPa

图 3.25　不同载荷下 SUS304 不锈钢带试样磨损表面 SEM 图

3.3　预应变对奥氏体不锈钢摩擦学性能的影响

研究指出，奥氏体不锈钢在拉深成形过程中由塑性变形所导致的组织结构转变会影响材料的力学性能及加工性能。

本节在 SUS304 亚稳奥氏体不锈钢耦合变形的摩擦试验基础上，为了考察预应变对耦合变形的摩擦行为及对摩擦耦合变形量的影响，在耦合变形的摩擦试验机上对 SUS304 不锈钢试样进行室温下的试验。在压头压下量为 0mm 时，通过 2.2.3 节介绍的加载方式在试样水平方向上加载预应变，使其产生一定量的拉伸变形；当载荷为 40N 时，试样的预应变为 1.5%；当载荷 60N 时，试样的预应变为 2.8%；当载荷为 80N 时，试样的预应变为 4.3%；基于 SEM 和三维轮廓分析，探讨预应变对奥氏体不锈钢磨损机理的影响。

3.3.1　摩擦系数

图 3.26 为试验时间 1min、滑动速度 35mm/s、压头压下量 40mm 时，不同预应变时的 SUS304 不锈钢试样与原始态试样的摩擦系数对比试验结果，配副压头为淬回火 DC53 冷作模具钢。可以看出，与原始态不锈钢试样相比，预应变增大到 4%以上时，摩擦系数变小且随试验时间平稳。预应变为 1.5%时，不锈钢的摩擦系数变化较小；预应变为 2.8%时，摩擦系数较原始态的波动小且略为降低；预应变为 4.3%时，摩擦系数明显低于未预应变的试样且波动更小。

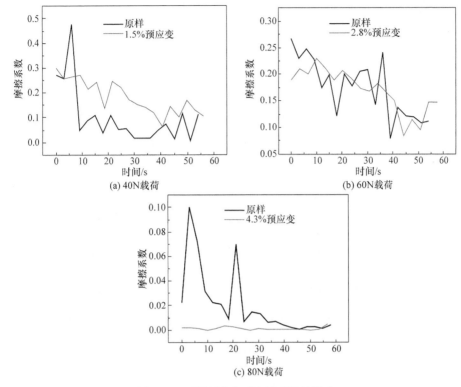

图 3.26　不同预应变对摩擦系数的影响

图 3.27 为试验时间 10min、滑动速度 35mm/s、压头压下量 40mm 时，加载载荷对预应变不锈钢试样摩擦系数的影响。可以看出，在长时试验时，预应变对 SUS304 奥氏体不锈钢的摩擦系数影响不大。在低载下，预应变试样的摩擦系数略低于未预应变试样的摩擦系数；但在较高载荷下，虽然初期摩擦系数略有差别，但预应变试样的稳态摩擦系数与未预应变试样的摩擦系数相当。

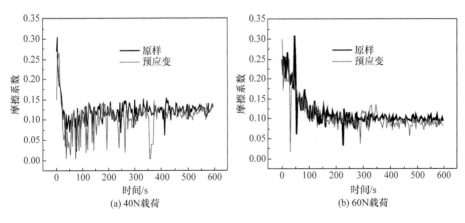

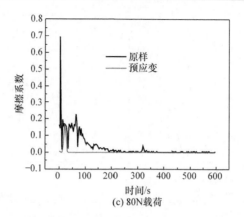

(c) 80N载荷

图 3.27　加载载荷对预应变不锈钢试样摩擦系数的影响

对奥氏体不锈钢及 TRIP 钢的研究[11,12]表明，奥氏体不锈钢预应变后的基体组织部分发生了γ-Fe 向α-Fe 的转变，且随预应变增大，马氏体衍射峰强度不断增强，奥氏体衍射峰强度减弱，即相变马氏体量随着预应变增大而增加。这说明对奥氏体不锈钢施予预应变，不仅会诱发奥氏体向马氏体转变，更重要的是会影响其后的摩擦行为。

3.3.2　塑性变形

图 3.28 和图 3.29 分别给出了试验时间 1min 和 10min、滑动速度 35mm/s、压头压下量 40mm 时，不同载荷预应变后的 SUS304 不锈钢试样的摩擦时间和耦合塑性变形量的关系。可以看出，无论试验时间长短，40N 下预应变的试样在后续摩擦过程中的塑性变形速度快、变形量大；较高载荷预应变的试样的摩擦耦合塑性变形速率相对较小、变形量也稍小。较高载荷(60N、80N)下预应变后的试样的摩擦耦合变形量相对于原始态试样变形量减小的主要原因在于，不锈钢带在形变过程中的形变硬化。预应变使得不锈钢奥氏体基体中产生了大量位错、形变孪晶，而

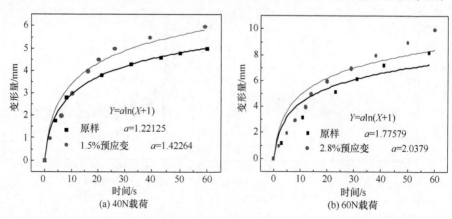

(a) 40N载荷　　　　　　　　　　　　(b) 60N载荷

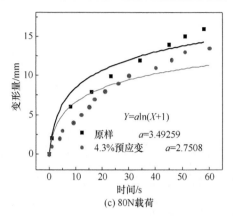

图 3.28　试验时间 1min 预应变对 SUS304 不锈钢摩擦耦合的塑性变形量的影响

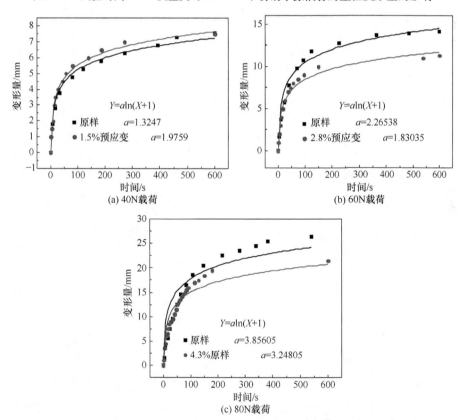

图 3.29　试验时间 10min 预应变对 SUS304 不锈钢摩擦耦合的塑性变形量的影响

位错、堆垛层错和孪晶以及应力/应变诱发的相变马氏体很大程度上提高了材料屈服强度和抗拉强度，预应变过程中强烈的加工硬化使得后续变形抗力更大，导致摩擦耦合的塑性变形量减小。

3.3.3　磨损表面形貌

图 3.30 为滑动速度 35mm/s、压头压下量 40mm、试验时间 1min、不同载荷下的预应变和未预应变的 SUS304 不锈钢试样的磨损表面形貌。可以看出，在试验的三个载荷下，预应变试样磨损表面的黏着磨损和磨粒磨损痕迹均明显少于未预应变的试样，体现出预应变降低磨损的效果。

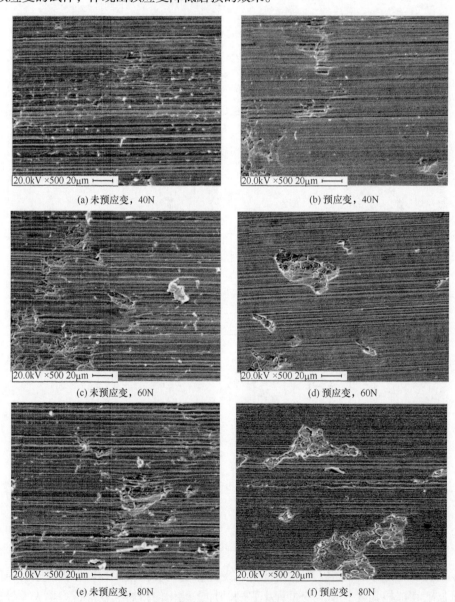

(a) 未预应变，40N　　　　　　　　　　　　(b) 预应变，40N

(c) 未预应变，60N　　　　　　　　　　　　(d) 预应变，60N

(e) 未预应变，80N　　　　　　　　　　　　(f) 预应变，80N

图 3.30　试验时间 1min、不同载荷下预应变和未预应变的 SUS304 不锈钢试样的磨损表面形貌

　　图 3.31 为滑动速度 35mm/s、压头压下量 40mm、试验时间 10min、不同载荷下的预应变和未预应变的 SUS304 不锈钢试样的磨损表面形貌。由图 3.31(a)和(b)可以看出，载荷为 40N 时的预应变试样磨损表面的犁沟，无论深度和宽度均少于未预应变试样；但对图 3.31(c)、(d)、(e)、(f)的对比可以看出，在较高载荷下，10min 耦合变形摩擦试验的预应变试样的磨损表面和未经预应变试样的磨损表面形貌无明显差别，与图 3.26 和图 3.27 的摩擦系数随载荷的变化趋势基本一致。

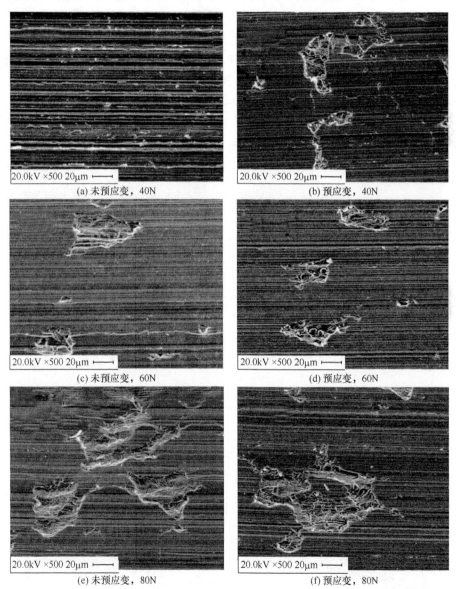

图 3.31　试验时间 10min、不同载荷下的预应变和未预应变 SUS304 不锈钢试样的磨损表面形貌

金属材料在塑性变形过程中会产生加工硬化,在力学性能上表现为强度升高、塑韧性下降。预应变使得 SUS304 奥氏体不锈钢产生了强烈的加工硬化,在SUS304 不锈钢中发生了 γ-Fe 向 α-Fe 的转变,且相变马氏体随着预应变的增大而增加;同时塑性变形使得 SUS304 不锈钢基体产生了形变孪晶[32,33]。因此,在较短试验时间下,预应变增大导致 SUS304 不锈钢在耦合变形摩擦试验中的摩擦系数下降趋势增大。在较长试验时间时,由应力应变作用诱发产生的相变马氏体随着试验的进行而被磨损,在较低载荷下,预应变降低了试样的磨损,而在较高载荷下,预应变对摩擦系数和试样表面磨损的影响较小。

图 3.32 是滑动速度 35mm/s、压头压下量 40mm、试验时间 1min 时,不同预应变与未预应变的带试样的磨损表面三维形貌。由图 3.32(a)、(b)可以看出,在低载下,预应变试样的磨粒磨损明显少于未预应变的试样;在垂直于摩擦方向上,未预应变试样的波动很大。由图 3.32(c)、(d)可以看出,预应变试样的磨粒磨损和黏着磨损痕迹明显比未预应变试样的要轻微,在 x、y 方向的上下波动要小。在高载

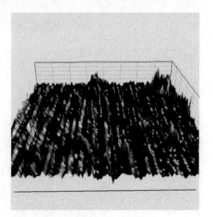

(a) 未预应变, 40N　　　　　(b) 预应变, 40N

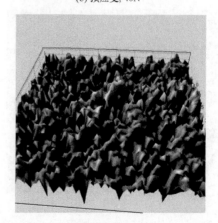

(c) 未预应变, 60N　　　　　(d) 预应变, 60N

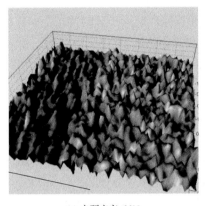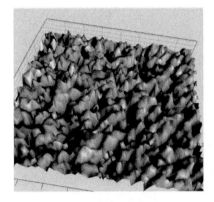

(e) 未预应变, 80N　　　　　　　　　　　　(f) 预应变, 80N

图 3.32　试验时间 1min 时不同预应变与未预应变试样的磨损表面三维形貌

条件下，预应变对试样的磨损影响较小，如图 3.32(e)、(f)所示。可见，SUS304 不锈钢带试样的预应变增加，其加工硬化作用增强和表面硬度增大，减小了表面黏着倾向，摩擦系数降低且波动小，因此有利于改善不锈钢拉深过程中的黏着趋向。通过以上分析可以认为：

(1)相对于未预应变条件下的摩擦系数，带试样的较小预应变对摩擦系数的影响较小，而较大预应变有利于减小摩擦系数在摩擦过程中的波动并使其略为降低，随着预应变增大，摩擦系数明显降低且波动很小。

(2)预应变对 SUS304 亚稳奥氏体不锈钢摩擦系数变化影响的内在因素是应力应变诱发了亚稳奥氏体向马氏体的转变，且相变马氏体量随着预应变增大而增加，使得其强度和硬度增大，同时使磨损表面的黏着磨损和磨粒磨损均明显少于未预应变的试样。这说明通过预应变处理可以降低 SUS304 不锈钢的黏着磨损和磨粒磨损趋势。

3.4　摩擦耦合变形条件下亚稳奥氏体不锈钢的摩擦行为

在耦合变形的摩擦试验机上，对 SUS304 亚稳奥氏体不锈钢带试验过程中的摩擦系数、塑性变形量、磨损表面形貌以及其表面层的组织结构转变进行分析，探讨亚稳奥氏体不锈钢在摩擦耦合变形条件下的摩擦学行为及其影响因素，研究结果对亚稳不锈钢的加工成形工艺优化和表面质量的改善有一定的试验参考和学术指导价值。

3.4.1　摩擦系数

试验过程中分别考察了名义载荷、滑动速度、润滑介质以及压头压下量对不锈钢带与 DC53 压头之间摩擦系数的变化。根据拉深成形工艺的特点，本节主要探讨名义载荷、滑动速度和润滑介质对摩擦系数的影响。关于压头压下量，其实质上改变的是钢带的受力状况，即载荷的加载效果，因此本节只作为辅助因素进行探讨。

1. 载荷对摩擦系数的影响

图 3.33 给出了采用不锈钢拉深油润滑，压头压下量 20mm，滑动速度分别为 25mm/s、35mm/s 和 45mm/s 时，SUS304 不锈钢试样在不同名义载荷下的摩擦系数。

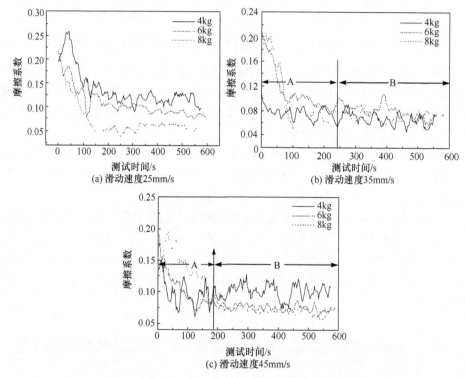

图 3.33　不同名义载荷下摩擦系数的变化(不锈钢拉深油，压头压下量 20mm)

由图可见，在不同载荷条件下，奥氏体不锈钢带与压头间的摩擦系数随测试时间表现出先减小后趋于相对稳定的规律，在整个试验阶段均存在一定的周期性波动。滑动速度 25mm/s 下的摩擦系数随名义载荷的增加而降低[图 3.33(a)]，滑动速度增加到 35mm/s 和 45mm/s 时，摩擦系数的变化大致可划分为 A、B 两个阶段[图 3.33(b)、(c)]，在 A 区间内，摩擦系数随载荷增加而增大，经中间短暂过渡后进入 B 阶段，摩擦系数趋于稳定并随载荷增大呈减小趋势。

其他条件不变，调整压头压下量为 30mm 和 40mm，不锈钢带试样的摩擦系数变化表现出和图 3.33 基本一致的规律(图 3.34 和图 3.35)，即摩擦系数的变化分为两个阶段 A、B。在 A 阶段，摩擦系数随名义载荷的增加而增加，在短暂过渡后进入 B 阶段，摩擦系数随载荷增加而减小。在不同载荷条件下，摩擦系数均随试验进程先减小，而后趋于相对稳定，且在此过程中始终呈现周期性波动。综合图 3.33～图 3.35 可以发现，在三个压头压下量条件下，A 阶段的长度均随滑动速度增大而减小，即滑动速度越大，摩擦系数越早进入随载荷增大而减小的阶段。从磨合观点出发，显然低速滑动不利于摩擦系数的稳定化。

在纯摩擦条件下,SUS304 奥氏体不锈钢与 DC53 配副的摩擦系数随载荷增加而升高，而在耦合变形的摩擦条件下，摩擦系数的变化表现出不同的规律。这是因为在耦合变形的摩擦条件下，奥氏体不锈钢的摩擦表层及次表层除了发生应力/应变以及摩擦诱发的马氏体转变外，不锈钢带试样的摩擦过程同时伴随着拉伸载荷作用发生了一定的塑性变形和加工硬化作用。因此，在耦合变形的摩擦条件下，由于相变马氏体和加工硬化的共同作用，不锈钢带试样表层在摩擦过程中发生了

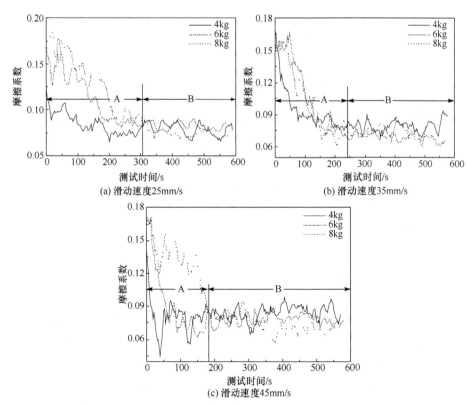

图 3.34　不同名义载荷下的摩擦系数变化(不锈钢拉深油，压头压下量 30mm)

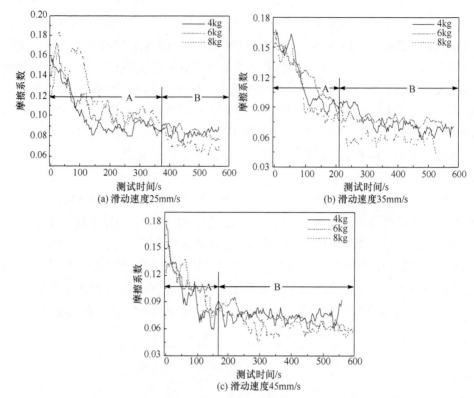

图 3.35　不同名义载荷下的摩擦系数变化(不锈钢拉深油，压头压下量 40mm)

大量马氏体转变以及硬度、强度的升高[34]，使得摩擦系数变化呈现出如上所述的先随载荷增大而增加，而后随载荷增大而减小的规律，这也是一种所谓的相变马氏体的反刍效应。Xu 等[35]指出，摩擦应力的作用会使奥氏体不锈钢表层产生 α 马氏体、次表层的奥氏体基体中产生大量位错以及伴随的加工硬化效应，这些内在的组织和性能演变使奥氏体不锈钢的耐磨性提高。

对于图 3.33～图 3.35 中 A 阶段，即试验开始及初期阶段，由于受到摩擦力和正应力以及塑性变形的影响，钢带试样表层及心部随着试验时间和变形量的增大会诱发奥氏体向马氏体转变，相变马氏体量逐渐增多。由于马氏体相的硬度高于奥氏体的硬度，且具有更好的耐黏着磨损特性[36]，故在此阶段表现为摩擦系数不断下降。在此阶段内，不锈钢带试样表层的奥氏体向马氏体的转变是渐进式的，因此这时的摩擦系数主要取决于载荷大小，即随载荷的增大而增加。在 B 阶段，由于不锈钢带试样摩擦耦合的塑性变形已基本稳定，且较大载荷导致了较大变形，由 3.3 节中应变和马氏体转变量以及加工硬化效应之间的关系可以推测，不锈钢带试样表层因应力/应变以及摩擦诱发转变的马氏体量趋于稳定，同时因塑性变形的加工硬化作用也基本稳定，因而摩擦系数趋于相对稳定的波动变化。由于摩擦过程是一个材料不断损失的过程，摩擦表面材料会被不断磨损掉(黏着、转移、犁削等)，即磨损表面及次表层初期形成的马氏体及变形硬化层会随试验时间而不断损失，磨损表面及次表层的相变马氏体和硬化层处于一个动态平衡状态，呈现一定的周期性。如前所述，奥氏体和马氏体相硬度和耐黏着磨损的能力不同，最终导致摩擦系数在整个试验过程中的波动变化特性。此外，相变马氏体量及硬化层厚度一般随载荷及应变的增大而增加，表层较高的马氏体含量及硬度决定了其较低的摩擦系数[37,38]，最终表现为摩擦系数随载荷增大而减小的现象。

2. 滑动速度对摩擦系数的影响

　　图 3.36、图 3.37 和图 3.38 分别为在不锈钢拉深油润滑和不同压头压下量及载荷作用下，滑动速度对摩擦系数的影响。

　　和载荷对摩擦系数的影响一样，滑动速度对摩擦系数的影响同样呈现先减后趋于稳定，且具有一定周期性的特点。同时，在相同名义载荷下，带试样与压头间的摩擦系数随滑动速度增加而减小。

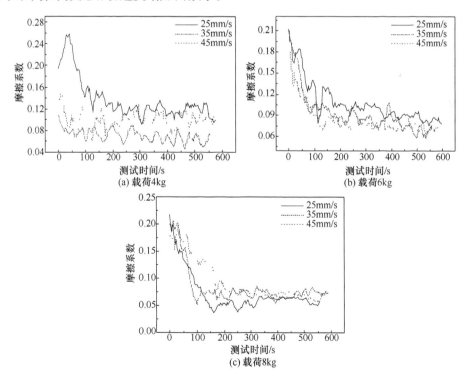

图 3.36　不同滑动速度下摩擦系数的变化(不锈钢拉深油，压头压下量 20mm)

　　在低中滑动速度下，摩擦磨损主要由摩擦面的局部黏着和剪切引起，摩擦阻力表现为表面发热。一般认为，这种摩擦热效应对摩擦机理的影响不大[39]。但在较高滑动速度下，金属表面会产生强烈摩擦热，即闪温，将从本质上改变滑动表面状态，最终表现为在高的滑动速度下较低的摩擦系数。其他材料的摩擦研究也

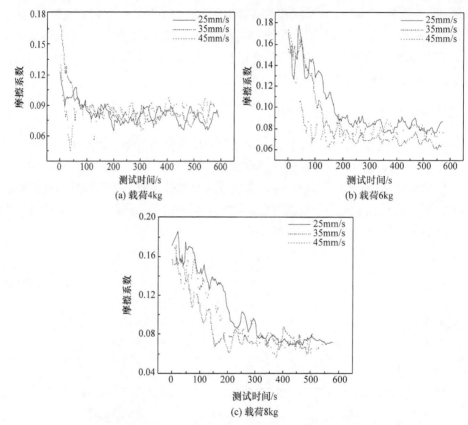

(a) 载荷4kg　　　　　　　　　　　(b) 载荷6kg

(c) 载荷8kg

图 3.37　不同滑动速度下摩擦系数的变化(不锈钢拉深油，压头压下量 30mm)

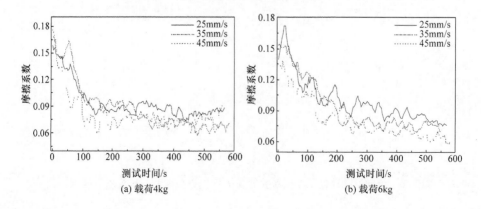

(a) 载荷4kg　　　　　　　　　　　(b) 载荷6kg

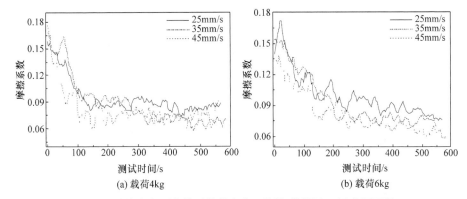

图 3.38　不同滑动速度下摩擦系数的变化(不锈钢拉深油，压头压下量 40mm)

表现出同样的变化规律，即滑动速度较大时，摩擦表面温度升高，降低了摩擦表面剪切力，从而使摩擦力降低，摩擦系数减小。另外，滑动速度的增大会使润滑油更易在滑动物体之间形成润滑膜层，使得润滑条件改善，导致摩擦系数降低。

3. 润滑条件对摩擦系数的影响

图 3.39 是不同试验条件下不同润滑油对不锈钢带试样摩擦系数的影响，润滑油分别为不锈钢拉深油和 32#机械油。

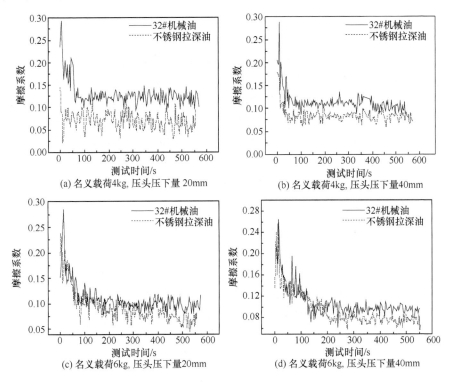

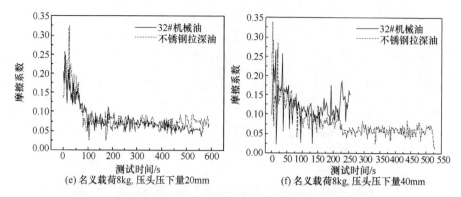

(e) 名义载荷8kg, 压头压下量20mm   (f) 名义载荷8kg, 压头压下量40mm

图 3.39　不同润滑条件下摩擦系数的比较(滑动速度为 35mm/s)

由图 3.39(a)、(b)可知，当滑动速度一定、名义载荷为 4kg 时，不锈钢带试样在拉深油润滑条件下表现出较低的摩擦系数，和机械油润滑条件相比，相差大概 0.05，而压头压下量的影响很小。由图 3.39(c)、(d)可见，当名义载荷上升为 6kg 时，不锈钢带试样在拉深油润滑条件下的摩擦系数依然较低，但和机械油润滑条件下的摩擦系数的差别已不太明显，两者差值仅 0.01~0.02，而同样压头压下量对摩擦系数基本无影响。图 3.39(e)、(f)的结果则显示，在名义载荷为 8kg 时，润滑油对摩擦系数的影响已难以体现，其摩擦系数曲线几乎重叠在一起。

和前节的分析一样，摩擦系数随试验时间的变化均表现出先减后趋于稳定且具有一定周期波动的规律。

因此，当载荷适当时，不锈钢拉深油较32#机械油对 SUS304 奥氏体不锈钢具有更好的润滑作用。随着载荷增加，其润滑作用越来越弱，此时影响摩擦系数的主要因素已不是润滑油，而是奥氏体不锈钢带摩擦表面及变形层因应力/应变诱发形成的相变马氏体及应变硬化效应的影响。载荷增大直接导致表层马氏体的大量转变和硬化层硬度的升高以及承载能力的提高，最终导致不同润滑状态下基本趋同的摩擦系数。

图 3.40 为 32#机械油润滑条件下载荷对不锈钢带试样摩擦系数的影响。可见，和在不锈钢拉深油润滑条件下有所不同，各载荷条件下的摩擦系数在试验初始阶段基本一样。随着试验的进行，其值随载荷增大略有降低，其主要差别应归因于试样的应变硬化效应。因不锈钢带试样在较差的润滑条件下，表层的相变马氏体量相差不大。此现象在对带材磨损表层的马氏体转变量分析中得到了验证。

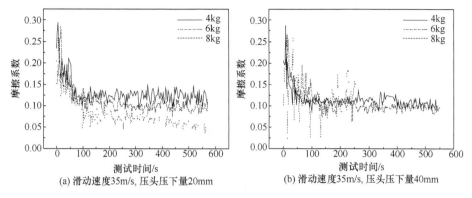

(a) 滑动速度35m/s, 压头压下量20mm　　　(b) 滑动速度35m/s, 压头压下量40mm

图 3.40　32#机械油润滑条件下载荷对摩擦系数的影响

3.4.2　塑性变形

图 3.41 给出了不锈钢带试样在不同名义载荷及滑动速度下的塑性变形规律。图中主要表现了压头压下量对不锈钢带试样塑性变形量的影响。对试验数据进行的非线性拟合表明，不锈钢带试样在摩擦过程中的塑性变形量与试验时间呈对数函数关系，其表达式为

$$Y = A\ln(X+1) \tag{3.9}$$

式中，Y 为塑性变形量；X 为测试时间；A 为系数(与名义载荷、滑动速度和压头压下量相关)。

图 3.41 及式(3.9)表明，摩擦试验过程中不锈钢带的塑性变形主要发生在试验开始阶段(0~100s)，随后趋于平缓。和摩擦系数变化曲线相比，塑性变形集中发生的区间正是摩擦系数剧烈减小的阶段。当塑性变形趋于平缓时，摩擦系数的变化同样趋于稳定。它们之间的这种相互对应的关系表明，在耦合变形的摩擦条件

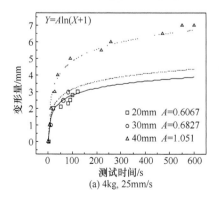

(a) 4kg, 25mm/s

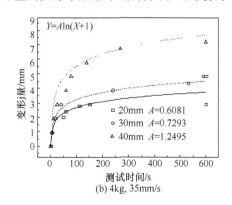

(b) 4kg, 35mm/s

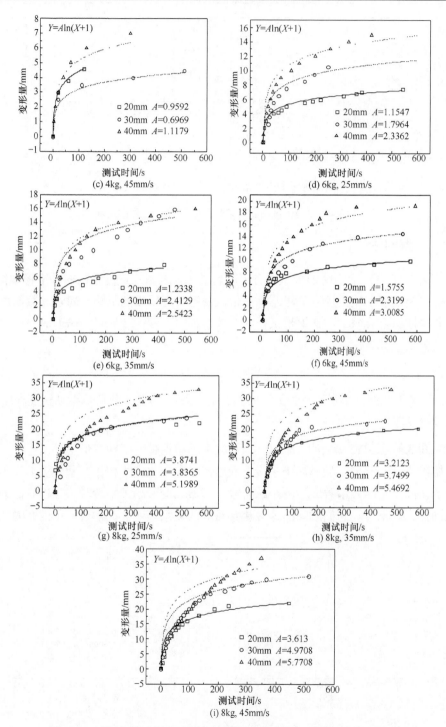

图 3.41　不锈钢带试样在不同名义载荷及滑动速度下的塑性变形规律

下，塑性变形是影响 SUS304 奥氏体不锈钢摩擦行为的主要因素。另外，由图 3.41 中 *A* 值变化可以发现，在影响不锈钢带塑性变形的因素中，载荷、压头压下量和滑动速度的作用依次减小，并都和塑性变形量呈正比关系。

图 3.42 为不锈钢带试样试验后在摩擦接触区的延伸率。由图可以更直观地看出名义载荷、压头压下量和滑动速度对不锈钢带试样的塑性变形的影响规律。名义载荷、压头压下量和滑动速度对塑性变形量的影响依次减弱，且各因素与变形量之间成正比关系。

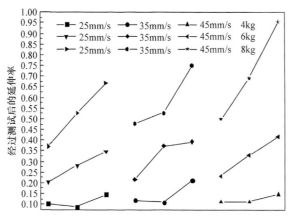

图 3.42　不锈钢带试样试验后在摩擦接触区的延伸率
各线段上三个点自左至右依次代表压头压下量为 20mm、30mm 和 40mm

此外，在摩擦试验过程中，不锈钢带试样上发生的塑性变形并非均匀塑性变形。对试样摩擦试验前后的测量发现，和往复摩擦死点(端部)相比，不锈钢带试样在摩擦中心区域的塑性变形更加剧烈，如图 3.43 所示。

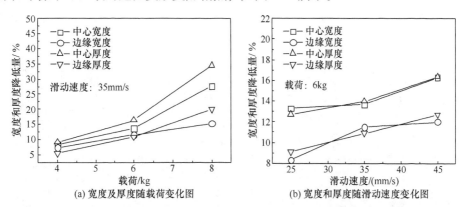

(a) 宽度及厚度随载荷变化图　　　(b) 宽度和厚度随滑动速度变化图

图 3.43　压头压下量 40mm 下不锈钢带试样的中心和边缘区域形变特点

在关于预应变对 SUS304 奥氏体不锈钢力学性能的影响研究中发现，应变是

SUS304 奥氏体不锈钢强度升高及塑性下降的根本原因，变形过程中诱发转变的马氏体量也随应变呈指数增长关系。在耦合变形的摩擦试验中，载荷导致的塑性变形和摩擦力的双重作用，以及不锈钢带试样的应变硬化效应和相变马氏体的硬化作用，最终造成摩擦系数的波动变化。和纯摩擦条件下摩擦系数的波动情况相比，虽然影响摩擦系数的主要因素有所差别，但影响摩擦系数波动的原因基本一致，即不锈钢试样摩擦表面发生摩擦、应力/应变诱发马氏体转变及加工硬化-表层磨损-裸露基体的奥氏体向马氏体转变这一循环过程，是亚稳奥氏体不锈钢在塑性变形和摩擦耦合作用下摩擦系数波动变化的必然结果。

根据上述对 SUS304 亚稳奥氏体不锈钢带在耦合变形的摩擦条件下的研究，可以对亚稳奥氏体不锈钢在拉深成形或相关加工工艺设计及仿真分析中提出以下建设性意见：在有塑性变形和摩擦耦合作用的条件下，应适当提高滑动或成形速度，缩短塑性变形所需要时间，使不锈钢尽快发生一定的加工硬化及产生一定量的相变马氏体，在其他诸如润滑等条件的配合下，可降低摩擦对工件和模具表面质量的影响，提高产品成品率。

3.4.3　磨损表面形貌及磨损机理分析

1. SEM 图像分析

图 3.44 为不锈钢带试样在不锈钢拉深油润滑、滑动速度 35mm/s 、压头压下量 40mm 及不同名义载荷下磨损的表面 SEM 图。

当滑动速度和压头压下量一定时，不锈钢带试样在耦合变形的摩擦试验中的摩擦系数随载荷增大先增大而后减小，即在摩擦初始阶段，摩擦系数随载荷增加而增加，经短暂过渡后，摩擦系数又随载荷增加而减小并趋于稳定，这整个过程中的摩擦系数均处于波动变化。比较图 3.44 的各小图发现，试样表面磨损状况随载荷增大而减轻，具体表现为磨痕变浅且表面黏着剥落痕迹减少。

(a) 4kg, 35mm/s, 40mm　　　　　　　　　(b) 6kg, 35mm/s, 40mm

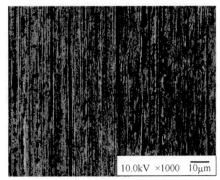 

(c) 8kg, 35mm/s, 40mm　　　　　　　　　(d) 4kg, 35mm/s, 40mm条件下局部放大

图 3.44　不锈钢试样在不同试验条件下的磨损形貌 SEM 图(不锈钢拉深油)

其原因在于，亚稳奥氏体基体在应力/应变和摩擦力作用下诱发了奥氏体向马氏体转变，同时产生了应变硬化，使不锈钢带试样的磨损表面及其强度和硬度都有所提高，形成了具有致密组织和较高硬度的摩擦变形层，提高了奥氏体不锈钢的耐磨性，最终导致磨损的减轻。这些作用可以归结为相变马氏体的反刍效应。通过观察还可发现，在不锈钢带试样的磨损表面均存在黏着磨损[图 3.44(d)中箭头所指]和磨粒磨损痕迹，表明 SUS304 奥氏体不锈钢在耦合变形的摩擦条件下的主要磨损机理依然为黏着磨损和磨粒磨损，和不锈钢销试样在纯摩擦条件下的磨损机理相同。相关研究[40]表明，奥氏体不锈钢和陶瓷以及轴承钢球组成的摩擦副的磨损机理为黏着磨损和磨粒磨损。这说明无论在何种摩擦形式和试验条件下，黏着磨损和磨粒磨损总是奥氏体不锈钢的主要磨损机理，只是起主导作用的磨损机理会随着试验条件的不同而有所改变。

图 3.45 为奥氏体不锈钢带试样在名义载荷 8kg、压头压下量 30mm、不同滑动速度下的摩擦面 SEM 图。由 3.4.2 节可知，不锈钢带试样在耦合变形摩擦试验中的摩擦系数随滑动速度的增加而减小。由图 3.45 可见，随着滑动速度增加，不锈钢带试样磨损表面的磨痕逐渐减少且变浅。对比图 3.45(a)和(c)可以明显发现，图 3.45(c)中的磨损表面更为平整，即磨损较轻。可以判断，其主要磨损机理仍是黏着磨损和磨粒磨损。随着滑动速度增加，磨损程度逐渐减小，其和摩擦系数变化之间有很好的对应关系，即磨损随摩擦系数的减小而减小。

图 3.46 为不锈钢带试样在 32#机械油润滑、不同名义载荷下的摩擦面 SEM 图(滑动速度 35mm/s；压头压下量 40mm)。由 3.1.3 小节的分析可知，在 32#机械油润滑条件下，不锈钢带试样与配副间的摩擦系数同样随载荷增加而减小，但减小程度比较低，表现在磨损表面上即随着载荷增大，磨损表面的磨痕减少、变宽，且宽的磨痕较为光滑。这表明其磨损机理主要为磨粒磨损和黏着磨损。

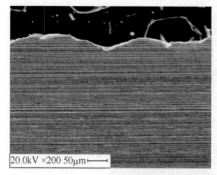
(a) 25mm/s

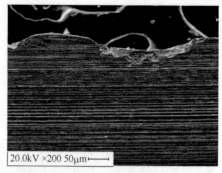
(b) 35mm/s

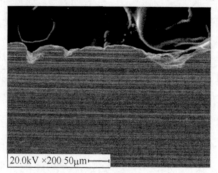
(c) 45mm/s

图 3.45　不锈钢带试样在不同滑动速度下的摩擦面 SEM 图(不锈钢拉深油)

　　图 3.46(b)、(d)和(f)显示,在此试验条件下,试样磨损严重且都可见开裂、黏着和剥落现象。由 3.3.1 节可知,在名义载荷 8kg、不锈钢拉深油润滑和 32#机械油润滑条件下的摩擦系数基本无差别。结合图 3.45(c)和图 3.46(e)可知,在名义载荷为 8kg 时,不锈钢拉深油条件下试样的磨损较 32#机械油润滑条件下的磨损要轻得多。因此,在该情况下,摩擦系数的变化并不能实际反映试样的磨损状况,它们更多地和试样的组织形态及表面状态相关。

(a) 4kg

(b) 4kg局部放大

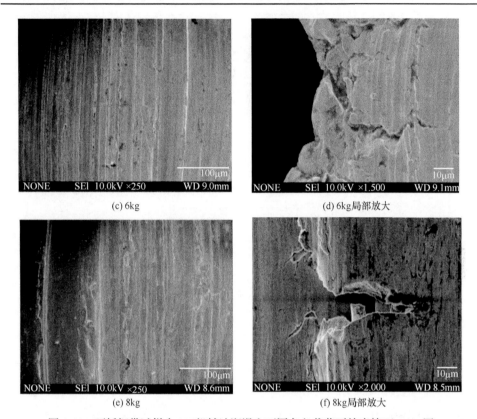

(c) 6kg

(d) 6kg局部放大

(e) 8kg

(f) 8kg局部放大

图 3.46 不锈钢带试样在 32#机械油润滑和不同名义载荷下的摩擦面 SEM 图

2. 磨损表面三维形貌图

图 3.47 为奥氏体不锈钢带试样在不同名义载荷下的磨损表面三维形貌图。由图可以发现,不锈钢带试样在不同名义载荷下的磨损都不是太严重,摩擦影响在试样厚度方向上的表现都在 10μm 以内。磨损的剧烈程度除和摩擦系数相关外,

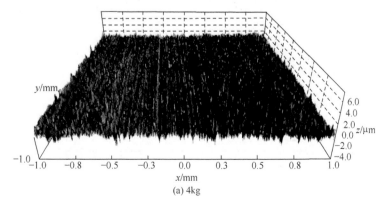

(a) 4kg

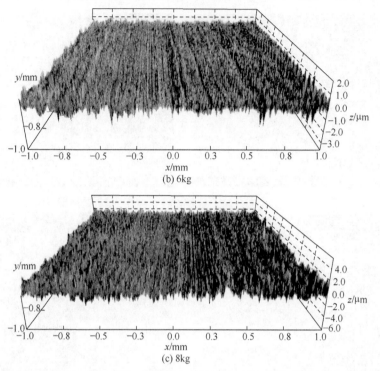

(b) 6kg

(c) 8kg

图 3.47 不锈钢拉深油润滑的不锈钢带试样在不同名义载荷下的表面三维形貌图

还和试样的表面状态相关。这些差别很小，因而其三维形貌也相近。从其三维形貌亦可证实其磨损机理主要是轻微的黏着磨损和磨粒磨损。

图 3.48 为奥氏体不锈钢带试样在不同滑动速度下的表面三维形貌图。在图 3.48 中，各试样的磨损和图 3.47 中所示的情况一样，在试样厚度方向处于 10μm 以内，磨损较轻。同时由图可见，随着滑动速度的增加，试样摩擦面上的磨痕集中度降低，即在摩擦面内的磨痕分布更广泛。这是因为随着滑动速度的增加，不锈钢试样和配副压头之间的黏着倾向降低，直接导致了磨损的减轻和摩擦系数的降低。

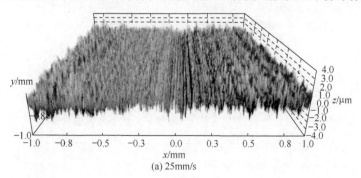

(a) 25mm/s

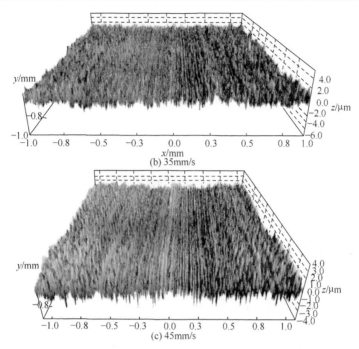

(b) 35mm/s

(c) 45mm/s

图 3.48 不锈钢拉深油润滑的奥氏体不锈钢带试样在不同滑动速度下的表面三维形貌图

此时的磨损机理仍然是轻微的黏着磨损和磨粒磨损。这正是 3.4.2 节的摩擦系数随滑动速度的增加而减小在摩擦面上的直观反映。

图 3.49 为奥氏体不锈钢带试样在 32#机械油润滑条件下的磨损表面三维形貌图。由图可见，在滑动速度和压头压下量一定的情况下，不锈钢带试样的磨损随载荷的增加而加剧，磨损由低载荷的黏着磨损转变为较高载荷下的磨粒磨损。结合 3.4.1 节的结果再次证明摩擦系数的变化并不能反映试样的磨损状况，它们更多地和材料的组织形态及表面状态相关。

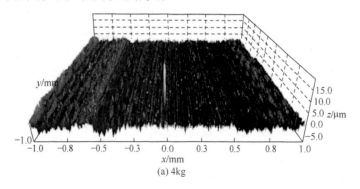

(a) 4kg

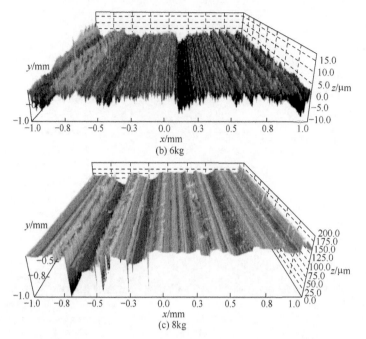

图 3.49　奥氏体不锈钢带试样在 32#机械油润滑条件下的磨损表面三维形貌图

3. 不锈钢试样磨损表面形貌参数变化

表 3.2 列出了在压头压下量 40mm、不同名义载荷和滑动速度下，奥氏体不锈钢带试样在应用激光共焦显微镜对磨损表面进行研究时的形貌参数。

由表 3.2 中的数据可知，在不锈钢拉深油润滑、滑动速度和压头压下量一定时，不锈钢带试样在名义载荷 8kg 时的三维表面高度偏差 S_a 和均方根 S_q 值最大，在 6kg 时最小，4kg 时的反而大于 6kg 时的值，这表明不锈钢带试样的磨损机理随载荷的变化发生了变化。结合名义载荷对摩擦系数的影响规律可知，载荷 8kg 时的磨损机理应该以磨粒磨损为主，同时伴随黏着磨损，而在 6kg 时存在较为严重的黏着磨损，即奥氏体不锈钢的磨损机理随名义载荷的变化发生了转变，从低载时的黏着磨损为主转变为高载时的磨粒磨损为主。在几种名义载荷下，表面斜度 S_{sk} 均为负值说明表面形成了孔洞，这是黏着磨损的直接表现。表面峭度 S_{ku} 和表面纹理指数 S_{tdi} 在几种名义载荷下相差不大说明表面磨损分布比较均匀，即在整个接触区内都存在相近程度的摩擦磨损，这也间接说明摩擦副接触状态在整个试验阶段具有较好的稳定性。和不锈钢销试样在纯摩擦条件下的磨损表面形貌参数相比，只在 S_{sk} 值上差别比较明显，且负值较多，说明在耦合变形的摩擦试验中奥氏体不锈钢的磨损主要为黏着磨损。

表 3.2　奥氏体不锈钢带试样磨损表面形貌参数(压头压下量：40mm)

润滑油	名义载荷/N	滑动速度/(mm/s)	表面形貌参数				
			S_a/nm	S_q/nm	S_{sk}	S_{ku}	S_{tdi}
不锈钢拉深油	4	35	602	763	−0.109	3.36	0.322
	6		368	466	−0.207	3.38	0.365
	8		706	892	−0.0696	3.25	0.276
	8	25	754	954	−0.0779	3.16	0.356
		35	706	892	−0.0696	3.25	0.276
		45	730	934	−0.0726	3.28	0.345
32#机械油	4	35	1320	1701	−0.336	3.93	0.225
	6		2157	2758	−0.373	3.51	0.233
	8		17627	23968	−1.76	8.86	0.347

表 3.2 中数据还显示了在名义载荷和压头压下量一定时，滑动速度对试样磨损表面参数的影响。数据变化说明试样的磨损机理随滑动速度增加无较大变化。表 3.2 中同时也列出了在机械油润滑条件下，名义载荷对试样磨损表面参数的影响。可见，试样的磨损机理随载荷增大发生较大程度的改变，不同载荷下均发生了较严重的黏着磨损和磨粒磨损，但主导机理有所不同[41]。

3.4.4　组织结构演化及其与摩擦行为的关系

1. 磨损表面 XRD 分析

图 3.50 是不同耦合变形的摩擦试验后 SUS304 奥氏体不锈钢带试样磨损表面的 XDR 图。

图 3.50(a)为不同名义载荷试验后试样磨损表面的 XRD 结果。由图可见，随着载荷增大，奥氏体衍射峰 γ(200)、γ(220)和 γ(311)的衍射强度不断减小甚至消失，马氏体衍射峰强度不断增加，说明载荷增大导致了不锈钢带试样表层的相变马氏体量不断增加。

图 3.50(b)为和图 3.50(a)相近条件下(滑动速度 35mm/s)的短时试验(1min)不锈钢试样磨损表面的 XRD 图。和 10min 试验[图 3.50(a)]的结果相比，短时摩擦试验同样诱发了磨损表面较高量的相变马氏体。结合摩擦系数的分析结果，即摩擦系数在试验开始后较短时间内下降并趋于稳定的特点，可知试样表层大量转变的马氏体与摩擦系数随试验时间的变化有直接关联。图 3.50(c)为拉深油润滑、不同滑动速度试验后奥氏体不锈钢试样磨损表面的 XRD 结果。和图 3.50(a)、(b)一样，随着滑动速度增加，不锈钢带试样磨损表面的相变马氏体不断增加，但变化相对

较小，说明滑动速度对磨损表面的马氏体相变仅有一定影响。图 3.50(d)为 32#机械油润滑、不同名义载荷试验后不锈钢试样磨损表面的 XRD 结果。可见在名义载荷 4kg 和 6kg 试验后，XRD 曲线上已未检测到奥氏体的衍射峰。名义载荷 8kg 试验后的磨损表面却仍可检测到奥氏体衍射峰 γ(111)，表明机械油润滑和较低载荷下试验的不锈钢带试样磨损表面可能发生了完全的马氏体转变，而高载荷 (8kg)导致的严重磨损使得基体组织部分裸露，故仍可检测到微弱的奥氏体峰。因此，亚稳奥氏体不锈钢磨损表面的相变马氏体含量可间接证明试样经历的磨损程度。

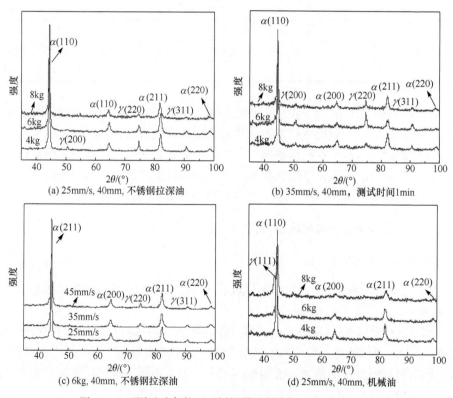

图 3.50　不同试验条件下不锈钢带试样磨损表面的 XRD 图

　　为了比较耦合变形摩擦试验前后不锈钢带试样表面的马氏体转变行为，对不锈钢拉深油润滑、名义载荷 8kg 和不同压头压下量的不锈钢带试样仅经历拉伸变形后的试样表面进行 XRD 分析，其结果如图 3.51 所示。可见，名义载荷 8kg 耦合变形后摩擦前的不锈钢带试样(三种压下量的预应变均为 0.06 左右)表层即检测到由应变导致的奥氏体向马氏体的转变。这就解释了图 3.39(e)、(f)所示的当名义载荷 8kg、不锈钢拉深油和 32#机械油润滑条件下不锈钢试样的初始摩擦系数基本相等的现象。正是因为高载荷导致的带试样预应变诱发了相变马氏体的产生并因此产生一定的应变硬化效应，使得 SUS304 奥氏体不锈钢的摩擦特性发生改变，最终产生上述结果。结合奥氏体不锈钢中马氏体转变量随应变增大而增加，奥氏体不锈钢在耦合变形的摩擦条件下的摩擦系数随载荷增大先增大后减小的现象，建议对奥氏体不锈钢在冲压工艺进行前采用各种有效手段施予一定的预应变，不仅可有效降低成形过程中的摩擦系数，而且可减少材料表面磨损导致的缺陷发生。

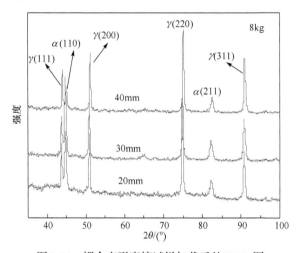

图 3.51　耦合变形摩擦试样加载后的 XRD 图

2. 磨损表面相变马氏体量与摩擦系数的关系

图 3.52 给出了不同试验条件下马氏体转变量与奥氏体不锈钢带试样摩擦系数之间的关系。其中，摩擦系数取各试验条件下摩擦系数曲线上最后一分钟所有数据点的平均值。这样的取法是因为各试验条件下的摩擦系数在试验进行一段时间之后都处于一种相对稳定的波动状态，并假定在试验结束前一分钟之内的马氏体转变量变化不大。

由图 3.52 可见，在不同试验条件下，磨损表面的马氏体转变量与摩擦系数均呈反比关系。表明耦合变形的摩擦试验过程中，应力/应变以及摩擦诱发的相变马氏体和奥氏体不锈钢的摩擦学行为之间存在某种必然联系。相变马氏体的形成改变了 SUS304 奥氏体不锈钢表层的组织状态，使其由易于发生黏着磨损的面心立方结构的奥氏体转变为耐黏着磨损性能较好的体心立方结构的马氏体，并提高了摩擦表面硬度，其结果直接改善了不锈钢试样表面的抗黏着特性，降低了 SUS304 奥氏体不锈钢与 DC53 冷作模具钢之间的摩擦系数。

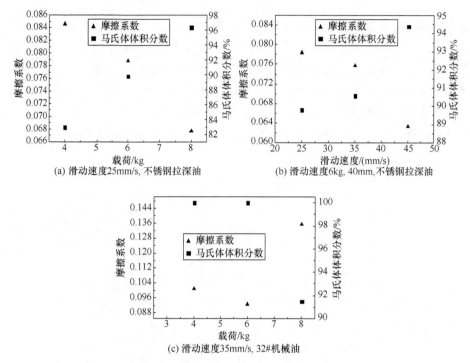

(a) 滑动速度25mm/s, 不锈钢拉深油   (b) 滑动速度6kg, 40mm, 不锈钢拉深油

(c) 滑动速度35mm/s, 32#机械油

图 3.52   不同试验条件下马氏体转变量与摩擦系数之间的关系(压下量 40mm)

3. 磨损表面显微硬度与摩擦系数的关系

为了厘清磨损表面显微硬度和摩擦系数的关系，对比测试了原始试样和不锈钢拉深油润滑试验后试样的表面显微硬度，其结果如图 3.53 所示。在机械油润滑条件下，不锈钢带试样磨损表面磨痕较深，硬度测试的压痕形貌不完整(边缘模糊)，难以准确测量其表面硬度，因此仅测量不锈钢拉深油润滑试验后试样的表面硬度。

由图 3.53(a)可见，在不锈钢拉深油润滑试验后不锈钢带试样磨损表面的显微硬度与名义载荷之间呈指数增长关系。和长时试验(10min)相比，短时试验(1min)仍使不锈钢带试样磨损表面显微硬度与名义载荷呈指数增长关系，只是在数值上略小于长时试验的结果[图 3.53(b)]。滑动速度和不锈钢试样磨损表面显微硬度之间呈指数下降关系[图 3.53(c)]，但变化幅度较小。结果表明，在耦合变形的摩擦试验条件下，载荷是影响试样磨损表面硬度的主要因素，试验时间、滑动速度等虽然对其也有一定影响，但作用有限。因此可以认为，由载荷引起的加工硬化对奥氏体不锈钢在此条件下的摩擦有很重要的影响。结合 3.1 节中结果可知，位错、堆垛层错以及相变马氏体是造成加工硬化的主要因素，在参考文献[42]~[45]中均有论述。

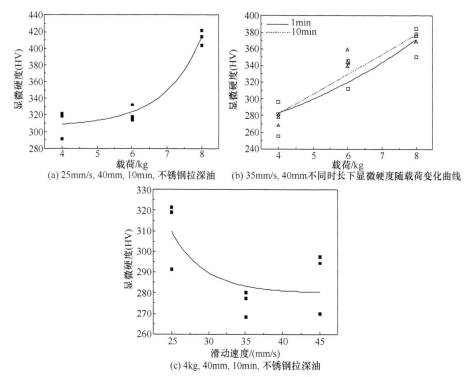

(a) 25mm/s, 40mm, 10min, 不锈钢拉深油

(b) 35mm/s, 40mm不同时长下显微硬度随载荷变化曲线

(c) 4kg, 40mm, 10min, 不锈钢拉深油

图 3.53　不同试验条件下不锈钢带试样磨损表面的显微硬度

测试载荷：500g；加载时间：5s

取各种试验条件下磨损表面显微硬度的算术平均值，采用和图 3.52 相同的方法取摩擦系数，作试样表面显微硬度与摩擦系数的关系图，如图 3.54 所示。可见，SUS304 奥氏体不锈钢带试样磨损表面显微硬度与其摩擦系数之间呈反比例函数关系，表明磨损表面的硬度越高，摩擦系数越低，这与其他金属材料的研究结果基本一致[46]。显然，不锈钢成形加工前的预应变是一种可降低摩擦系数、减小磨损的可行方法。

通过以上分析得出：

(1) 在耦合变形的摩擦试验条件下，与 DC53 配副的 SUS304 奥氏体不锈钢的摩擦系数主要受载荷和滑动速度的影响。载荷对摩擦系数的影响分为 A、B 两个阶段：在 A 阶段，摩擦系数随名义载荷增大而增大，经短暂过渡后进入 B 阶段，摩擦系数随载荷增大而减小；在不同载荷条件下，摩擦系数随试验进程先减小，然后趋于相对稳定的周期波动状态。滑动速度对摩擦系数的影响表现为随滑动速度增加，摩擦系数减小的趋势。

(2) 在耦合变形的摩擦试验条件下，奥氏体不锈钢的磨损机理主要是黏着磨损和磨粒磨损。

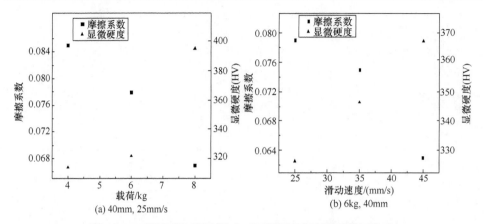

图 3.54　不锈钢带试样磨损表面显微硬度与摩擦系数间关系

(3) 在耦合变形的摩擦试验条件下，奥氏体不锈钢中的相变马氏体量和磨损表面显微硬度均随名义载荷增大而增加；摩擦系数与马氏体相变量和磨损表面显微硬度呈反比函数关系。

(4) 在耦合变形的摩擦试验条件下，奥氏体不锈钢带试样在试验过程中的塑性变形量与试验时间呈对数函数关系。

(5) 在 SUS304 奥氏体不锈钢的加工过程中，对其进行诱发马氏体转变的适当预应变可以有效降低其与配副模具的摩擦系数并减轻摩擦副的表面损伤。

参 考 文 献

[1] 郭太雄, 程兴德. 不锈钢板材品种与市场[J]. 四川冶金, 2001, (5): 56-59.

[2] 李洪飞. 254SMO奥氏体不锈钢高温析出相及热模拟断口断裂机制分析[D]. 太原: 太原理工大学, 2010.

[3] 齐毓霖. 摩擦与磨损[M]. 北京: 高等教育出版社, 1986.

[4] 彭智虎, 唐丽文. 拉伸类模具的表面拉伤问题及其防止措施[J]. 模具工业, 2006, 32(1): 69-71.

[5] 周升, 薛宗玉, 韦习成, 等. 渗硼处理对模具钢 DC53 摩擦性能的影响[J]. 材料保护, 2008, 41(10): 73-75.

[6] Wei X C, Hua M, Xue Z Y, et al. Friction-induced microstructure evolution of SUS304 meta-stable austenitic stainless steel and its influence on the wear behaviour[J]. Wear, 2009, 267(9): 1386-1392.

[7] Xue Z Y, Zhou S, Wei X C, et al. Study on the relationship between friction-induced deformation layer and wear behavior of austenitic stainless steel[C]// The 5th China International Symposium on Tribology, Beijing, 2008.

[8] Zhou S, Xue Z Y, Wei Z Y, et al. Study on frictional behavior of SUS304 austenitic stainless steel against DC53 cold-work steel by boriding[C]// The 2nd International Conference on Advanced Tribology, Singapore, 2008.

[9] Riviere J P, Brin C, Vilain J P. Structure and topography modifications of austenitic steel surfaces after friction in sliding contact[J]. Applied Physics A, 2003, 76: 277-283.

[10] 束德林. 金属力学性能[M]. 2 版. 北京: 机械工业出版社, 2002.

[11] Wang X D, Huang B X, Rong Y H. Mechanical and transformation behaviors of a C-M n-Si-A1-Cr TRIP steel under stress[J]. Materials Science and Technology, 2006, 26(5): 625-628.

[12] Wei X C, Li J, Hua M. Tribological characteristics of HSLA TRIP steel containing meta-stable retained austenite[J]. Tribology, 2006, 26(1): 49-53.

[13] 杨于兴. X 射线衍射分析[M]. 上海: 上海交通大学出版社, 1994.

[14] Olson G B, Cohen M. Kinetics of strain-induced martensitic nucleation[J]. Metallurgical Transactions A, 1975, 6(4): 791-795.

[15] 黄明志, 骆竞皛, 贺保平. 金属硬化曲线的阶段性和最大均匀应变[J]. 金属学报, 1983, 19(4): 291-299.

[16] Mertinger V, Nagy E, Tranta F, et al. Strain-induced martensitic transformation in textured austenitic stainless steels[J]. Materials Science and Engineering A, 2008, 481: 718-722.

[17] 张旺峰, 陈瑜眉, 朱金华. 亚稳态奥氏体钢的形变硬化[J]. 钢铁, 2000, 35(9): 52-55.

[18] 刘伟, 李强, 焦德志. 冷轧 301L 奥氏体不锈钢的变形和应变硬化行为[J]. 金属学报, 2008, 44(7): 775-780.

[19] Byun T S, Hashimoto N, Farrell K. Temperature dependence of strain hardening and plastic instability behaviors in austenitic stainless steels[J]. Acta Materialia, 2004, 52(13): 3889-3899.

[20] Soussan A, Degallaix S. Work-hardening behavior of nitrogen-alloyed austenitic stainless steels[J]. Materials science and Engineering A, 1991, 142(2): 169-176.

[21] 胡建琴, 邢静忠. 七层框架结构的 ANSYS 分析[J]. 建筑设计管理, 2011, 28(2): 78-80.

[22] 邢静忠, 王永岗, 陈晓霞. ANSYS7.0 分析实例与工程应用[M]. 北京: 机械工业出版社, 2004.

[23] 伍婵娟, 周升, 付艳超, 等. 基于有限元模拟的 SUS304 奥氏体不锈钢摩擦耦合变形过程的应力分析[J]. 摩擦学学报, 2010, 30(6): 596-600.

[24] 伍婵娟, 韦习成, 付艳超, 等. 载荷对 304 不锈钢摩擦耦合变形过程的摩擦磨损行为的影响分析[C]//2010 年全国青年摩擦学及工业应用学术会议, 杭州, 2010.

[25] 伍婵娟, 韦习成, 付艳超, 等. 等离子热喷涂 Al_2O_3+40%TiO_2 陶瓷涂层性能的研究[C]//2010 年全国青年摩擦学及工业应用学术会议, 杭州, 2010.

[26] 周升, 伍婵娟, 姜佩璐, 等. 渗硼层对 SUS304 不锈钢耦合变形的摩擦行为的影响[J]. 材料热处理学报, 2010, 31(6): 122-127.

[27] 薛宗玉, 周升, 韦习成. 摩擦耦合变形条件下奥氏体不锈钢的摩擦学性能研究[J]. 摩擦学学报, 2009, 29(5): 405-411.

[28] 薛宗玉, 韦习成, 李健. SUS304 亚稳奥氏体不锈钢在耦合摩擦和变形条件下的磨损行为研究[J]. 润滑与密封, 2007, 32(11): 78-81.

[29] 李传亮. 有效应力概念的误用[J]. 天然气工业, 2008, 28(10): 130-132.

[30] 郭振文, 张文泉, 刘雪峰, 等. 316L 不锈钢/Y-PSZ 复合材料摩擦磨损特性[J]. 北京科技大学学报, 2008, 30(7): 78-81.

[31] 杨常建. 仿生非光滑表面滑动耐磨性试验及数值模拟[D]. 吉林: 吉林大学, 2005.

[32] Shrivastava S, Jain A, Singh C. Sliding behaviour of Boron ion-implanted 304 stainless steel[J]. Acta Metallurgica et Materialia, 1994, 43(1): 59-63.

[33] Zhang F C, Lei T Q. A study of friction-induced martensitic transformation for austenitic manganese steel[J]. Wear, 1997, 212(2): 195-198.

[34] 李晓春, 韦习成, 李健. SUS304 奥氏体不锈钢的摩擦变形层研究[J]. 摩擦学学报, 2007, (7): 341-345.

[35] Xu X L, Yu Z W, Ma Y Q, et al. Martensitic transformation and work hardening of metastable austenite induced by abrasion in austensitic Fe-C-Cr-Mn-B alloy—A TEM study[J]. Materials Science and Technology, 2002, 18(12): 1561-1564.

[36] 高彩桥, 伊晓. 钢中马氏体摩擦学特性的研究[J]. 机械工程材料, 1989, (1): 18-20.

[37] 吕爱强, 张洋, 李瑛, 等. 表面纳米化对 316L 不锈钢性能的影响[J]. 材料研究学报, 2005, 19(2): 118-124.

[38] Jain A, Shrivastava S. Effect of martensite content on the sliding behaviour of boron-ion-implanted 304 stainless steel[J]. Thin Solid Films, 1995, 259(2): 167-173.

[39] 马东辉, 张永振, 陈跃, 等. 制动摩擦材料高速摩擦学性能的主要影响因素[J]. 润滑与密封, 2003, (6): 44-47.

[40] Hua M, Wei X C, Li J. Friction and wear behavior of SUS 304 austenitic stainless steel against Al_2O_3 ceramic ball under relative high load[J]. Wear, 2008, 265(5): 799-810.

[41] 赵源, 高万振, 李健. 磨损研究及其方向[J]. 材料保护, 2004, 37(7): 18-34.

[42] 江海涛, 米振莉, 唐荻, 等. TWIP 钢拉伸变形过程中微观组织的原位观察[J]. 材料工程, 2008, (1): 38-41.

[43] Karaman I, Yapici G G, Chomlyakov Y I, et al. Deformation twinning in difficult-to-work alloys during severe plastic deformation[J]. Materials Science and Engineering A, 2005, 410: 243-247.

[44] Lee T H, Oh C S, Kim S J, et al. Deformation twinning in high-nitrogen austenitic stainless steel[J]. Acta Materialia, 2007, 55(11): 3649-3662.

[45] Byun T S, Lee E H, Hunn J D. Plastic deformation in 316LN stainless steel-characterization of deformation microstructures [J]. Journal of Nuclear Materials, 2003, 321(1): 29-39.

[46] How H C, Baker T N. Characterisations of sliding friction-induced subsurface deformation of Saffil-refinforced AA6061 composities[J]. Wear, 1999, 232(1): 106-115.

第4章 摩擦耦合变形条件下热镀锌高强度钢板的拉毛损伤

高强度钢具有良好的成形性及高的抗拉强度，不仅有助于汽车结构件的优化设计，同时对汽车减重有巨大作用，因此在现代汽车制造领域中应用越来越广泛。为兼顾减重、安全和燃油经济性，采用屈服强度 300MPa 以上的先进高强度钢板已成为汽车用材发展的主流方向。由 30 多家钢铁和汽车公司经过 10 多年的研究证明，大量使用高强度钢及先进高强度钢是汽车节能、环保和安全的主要解决方案之一。例如，在 SUV 车身结构件中的先进高强度钢板所占比例已从早年的 7%上升至接近 38%。我国《"十二五"节能环保产业发展规划》中，汽车节能被列为发展重点。因此，我国汽车行业对先进高强度钢板的需求越来越强烈。

除成形性低、尺寸精度差外，高强度钢应用于结构件的另一挑战是：钢材强度的增大需相应地增大成形力和压边力，使钢板/模具界面的压强增大，导致界面润滑频繁破裂，钢板在冲压中极易与模具黏着，造成模具和钢板表面有拉毛缺陷。强度越高，拉毛损伤越严重，使模具的修模寿命大为缩短，良品率降低。大量研究证明，拉毛既与摩擦过程的系统条件有关，又与钢板和模具材料的表面性态有关。成形过程中的摩擦通常伴随着钢板的拉伸塑性变形，相互耦合导致的表层严重变形和组织性态变化又会引起摩擦行为和磨损机理的改变。因此，对高强度钢板拉毛损伤的研究，既要明晰摩擦耦合变形条件下高强度钢的动态摩擦行为，也要探究表层微观形貌、组织演化对拉毛磨损行为的影响规律。

本章主要针对先进高强度钢板拉弯冲压中的表面拉毛损伤，开展摩擦耦合变形下拉毛损伤行为研究，以期对工业生产提供指导。

4.1 热镀锌高强度钢板的拉毛行为

4.1.1 摩擦系数

1. DP590 裸板在耦合变形的摩擦过程中的摩擦系数

高强度钢 DP590 除具有强塑性外，还具有低屈强比、高延伸率、较好的烘烤硬化和碰撞吸收性能等特点，是一种成形性良好的高强度冲压用钢，广泛应用于汽车车轮、保险杠、悬挂系统以及加强件等部位，是现代汽车用钢的重要组成部分[1]。

　　DP590 裸板的耦合变形摩擦试验参数见表 4.1。每个试样都经历一个往复周期(滑动距离 160mm)，其中试样 1、2、3 是在压下量 30mm、滑动速度 25mm/s、不同载荷条件下进行试验，试样 4、5 是在载荷 50N、滑动速度 25mm/s、不同压下量条件下进行试验。

表 4.1　裸板试样的试验参数

试样编号	载荷/N	速率		压头压下量/mm	压头表面粗糙度/μm	周期 T
		r/s	mm/s			
1	50					1
2	70			30		1
3	90	5	25		0.3	1
4	50			20		1
5	50			40		1

　　图 4.1 为 DP590 裸板与淬回火处理的 DC53 压头配副在不同摩擦耦合变形条件下的摩擦系数随测试时间的变化。

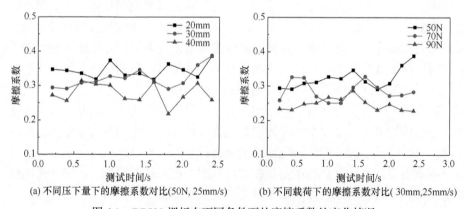

(a) 不同压下量下的摩擦系数对比(50N, 25mm/s)　　(b) 不同载荷下的摩擦系数对比(30mm,25mm/s)

图 4.1　DP590 裸板在不同条件下的摩擦系数的变化情况

　　图 4.1(a)为载荷 50N、滑动速度 25mm/s 时，DP590 裸板的摩擦系数随压下量增大与试验进程的关系图。可以看到，随着压下量增大，摩擦系数呈逐渐减小的趋势。这是由于在耦合变形的摩擦过程中试样产生了一定量的塑性变形，压下量越大，板带试样的塑性变形量越大。双相钢发生变形时，其铁素体基体和硬质相马氏体的界面出现应力集中，表现出较大应变硬化指数 n。n 越大，材料硬化越明显，所以随着压下量增大，板带表面的加工硬化作用就越强，试样表层硬度和强

度升高,使得摩擦系数随之减小。图 4.1(b)是压下量 30mm、滑动速度 25mm/s 和不同载荷条件下,DP590 裸板的摩擦系数随测试时间的变化。由图可见,在压下量为 30mm 时,随着载荷增大,摩擦系数略有下降,这是因为载荷增大会导致试样表面所受正压力增大,同时试样变形量增大,板材加工硬化更为显著,从而降低了摩擦系数。

2. DP590 热镀锌钢板在耦合变形的摩擦过程中的摩擦系数

随着对汽车钢板耐蚀性要求的不断提高,镀锌钢板已逐步取代传统的冷轧钢板并大量用于汽车外板、内板、底板等覆盖件和关键防撞件。与裸板相比,因为镀层与钢板的弹性模量、屈服极限等不一致,所以镀层钢板的界面摩擦和成形性能也与普通钢板不同,其表面的特殊结构和性能在成形过程中更容易因摩擦问题使成形性能恶化,因此需要系统研究镀层对成形过程中摩擦问题的影响。

DP590 热镀锌钢板的耦合变形摩擦试验参数见表 4.2。试样 6、7、8 是在压下量 30mm、滑动速度 25mm/s、不同载荷条件下进行试验,试样 9 和 10 是在载荷 50N、滑动速度 25mm/s、不同压下量条件下进行试验。其中试样 6~10 的试验条件分别对应试样 1~5 的试验条件。

表 4.2　DP590 热镀锌试样的试验参数

试样编号	载荷/N	速率		压头压下量/mm	压头表面粗糙度/μm	周期 T
		r/s	mm/s			
6	50	5	25	30	0.3	1
7	70					1
8	90					1
9	50			20		1
10	50			40		1

图 4.2 为 DP590 热镀锌钢板与淬回火 DC53 的压头在不同试验条件下配副摩擦时的摩擦系数随试验时间的变化。其中,图 4.2(a)为滑动速度 25mm/s、载荷 50N、不同压下量条件下,摩擦系数随试验进程的变化。图 4.2(b)是压下量 30mm、滑动速度 25mm/s、不同载荷条件下,摩擦系数随试验进程的变化。

从图 4.2(a)可以看出,在滑动速度及载荷相同的条件下,摩擦系数随压下量增大而增大。在试验过程中摩擦系数随压下量增大而升高的可能原因在于,镀层和基体因其变形的不协调,大的压下量导致带材弯曲变形量增大,镀层开裂和剥落的现象更严重,磨损变得剧烈,摩擦表面的粗糙度增大,表现出摩擦系数的增大。由图 4.2(b)可知,在相同滑动速度及压下量下,摩擦系数随载荷的增大而增大,这是由于在滑动速度及压下量一定的情况下钢带所受载荷越大，其表面受到的正压力也越大，使得镀锌层开裂剥离越严重，导致摩擦系数在试验过程中呈现较大波动且表现出摩擦系数随载荷增加而增大的现象。

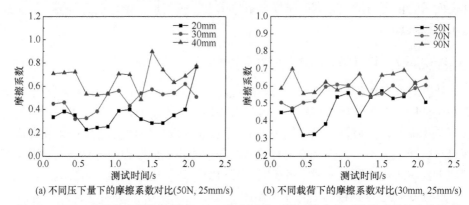

(a) 不同压下量下的摩擦系数对比(50N, 25mm/s)　　　(b) 不同载荷下的摩擦系数对比(30mm, 25mm/s)

图 4.2　DP590 热镀锌钢板与淬回火 DC53 的压头在不同试验条件下的擦系数的变化情况

　　在上述研究基础上，对比图 4.1 和图4.2 可以发现，在试验条件相同时，DP590 热镀锌钢板的平均摩擦系数明显大于 DP590 裸板的平均摩擦系数。对比结果显示出镀锌层对摩擦系数的影响。镀锌板在成形时的表面损伤基本可以分为两类：变形损伤和滑动损伤[2]。变形损伤是板材发生塑性变形时表面部分的表层损伤，滑动损伤是模具与试样之间的相对滑动引起的表层损伤。这两种损伤在实际板材成形过程中是同时存在的，在凸模圆角处，变形和滑动同时对锌层造成损伤。在耦合变形的摩擦过程中，镀层脱落会使板料与压头的摩擦接触面恶化，已经脱落的镀层颗粒有可能以第三体磨料的形式参与摩擦过程，从而使摩擦过程更加恶劣，表现在摩擦系数的变化上是镀锌钢板的平均摩擦系数更大。

4.1.2　拉毛损伤机理

1. DP590 裸板耦合变形的摩擦拉毛

　　图 4.3 为 DP590 裸板试样(表 4.1 中试样 1、2、3)在不同载荷条件下的表面拉毛磨损的 SEM 照片。

　　从图 4.3 可以看出，裸板试样的磨损表面有许多划痕，而且基体局部有一些剥落。这些较硬的基体颗粒剥落后，在后续的滑动中就会划伤板带表面，形成划痕。从微观角度分析是由于模具压头表面硬度远高于 DP590 裸板表面硬度，模具表面的微凸体在法向力作用下压入板带表面形成压痕。切向力使微凸体向前推进，对试样表面进行剪切和犁皱，把基体材料推向两边从而形成划痕。因此，DP590 裸板的主要磨损机理为磨粒磨损。由图 4.3 可以看出，随着载荷增加，DP590 裸板表面划痕增多、加深，剥落坑面积增大，且深度加深。

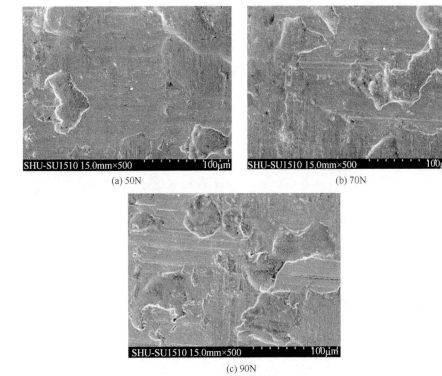

(a) 50N   (b) 70N

(c) 90N

图 4.3 DP590 裸板试样在不同载荷条件下的表面拉毛形貌

图 4.4 是 DP590 裸板试样在不同压下量条件下进行耦合变形摩擦试验后的表面 SEM 照片。

从图 4.4(a)可以看出，在压下量为 20mm 时，钢板表面划痕较轻，可见基体的局部剥落现象。图 4.4(b)中的钢板划痕明显较深，而且有大面积表面剥落。因此，随着试验压下量增大，板带表面磨损更加剧烈，拉毛的划痕更为明显。这是

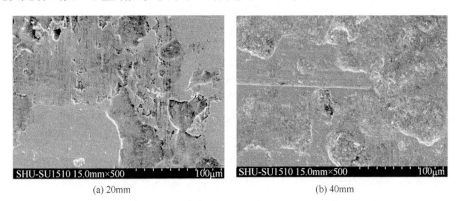

(a) 20mm   (b) 40mm

图 4.4 DP590 裸板试样在不同压下量条件下的表面拉毛形貌

由于压下量增大导致板带表面受到的正压力增加，在耦合变形的摩擦滑动过程中较硬的模具压头对裸板表面产生了较深划痕。

2. DP590 热镀锌钢板耦合变形的摩擦拉毛

图 4.5 为 DP590 热镀锌钢板与淬回火 DC53 模具压头配副在不同载荷条件下进行耦合变形摩擦试验后的磨损表面 SEM 照片。

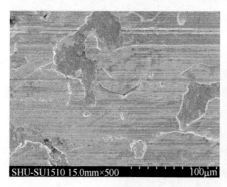
(a) 50N

(b) 70N

(c) 90N

图 4.5　DP590 热镀锌钢板在不同载荷条件下的表面拉毛形貌

从图 4.5 可以看出，热镀锌钢板试验后的磨损表面可见大量裂纹和划痕，而且局部有锌层剥落。这是由于在变形过程中，锌层和基体的力学性能不同，各自的可变形能力不同，导致基体与锌层难以协同变形，致使表面锌层的大量开裂和剥落。通过对图 4.5(a)、(b)和(c)比较可以发现，随着载荷增加，钢带表面拉毛现象越来越严重。图 4.5(c)的钢带表面磨损比较剧烈，锌层局部已产生塑性流动现象，表面划痕较深，这是因为金属锌延展性较差，在此受力状态下的锌层只能通过开裂来协调基体的变形，随着载荷增大，锌层不足以通过开裂来协调基体的变形，因此锌层脱落和粉化，从而导致严重的拉毛损伤现象。

　　图 4.6 是 DP590 热镀锌钢板试样在不同压下量条件下进行耦合变形摩擦试验后的表面 SEM 照片。从图 4.6(a)可以看出，DP590 热镀锌钢板表面的锌层出现裂纹和大量划痕。图 4.6(b)所示的钢板表面划痕明显加深，锌层已经粉化，可见塑性流动的痕迹。显然，随着压下量增大，钢带表面的拉毛损伤更严重。由于镀层和基体的力学性能及晶体结构差异，随着界面变形过程的加剧，镀层和基体的变形很难协调一致，当达到某一临界值时，镀层和基体的变形失配将在此处产生微裂纹或孔洞等界面缺陷，从而引发镀层脱落。压下量增大，使板带的变形量增大，同时压头对板带表面的正压力也增大，从而锌层所受的应力增加，使得锌层更易开裂。而脱落的锌层在滑动过程中会向模具表面转移并积聚形成黏结瘤，从而犁削试样表面，形成较深沟槽。故热镀锌钢板的磨损机理主要为黏着磨损和犁削效应。

 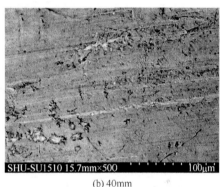

(a) 20mm　　　　　　　　　　　　　(b) 40mm

图 4.6　DP590 热镀锌钢板在不同压下量条件下的表面拉毛形貌

3. DP590 热镀锌钢板与裸板磨损表面的比较

　　图 4.7 为 DP590 裸板与热镀锌钢板在载荷 50N、压下量 30mm 和滑动速度 25mm/s 条件下进行试验后的磨损表面拉毛形貌。

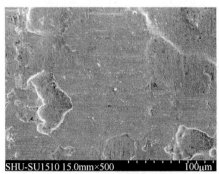 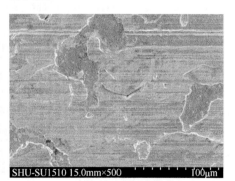

(a) DP590裸板　　　　　　　　　(b) DP590热镀锌形钢板

图 4.7　DP590 裸板与热镀锌钢板磨损表面拉毛形貌的比较

可以看出，热镀锌钢板由于镀层粉化和剥落，其表面形貌比裸板恶劣，划痕深且有裂纹。裸板表面由于发生了加工硬化，摩擦接触表面硬度提高，耐磨性能提高，从而使表面磨损较轻。镀锌钢板的锌层在塑性变形时易产生裂纹，而随着滑动进行裂纹扩展会造成锌层大面积剥落。

4.1.3 不同基体钢板的拉毛行为

图 4.8 给出了 DP590 和 H340LAD 两种镀锌钢板与淬回火 DC53 模具钢压头配副在压下量 30mm、滑动速度 25mm/s、不同载荷条件下的摩擦系数随测试时间的变化趋势。

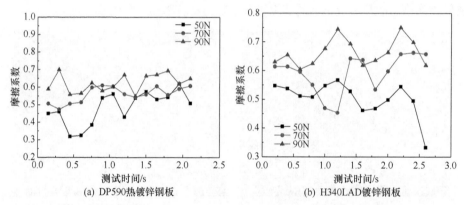

(a) DP590 热镀锌钢板　　(b) H340LAD 镀锌钢板

图 4.8　DP590 和 H340LAD 镀锌钢板在不同载荷条件下的摩擦系数的变化情况(25mm/s, 30mm)

有图可见，在相同滑动速度及压下量条件下，两组试样的摩擦系数都随载荷增大而增大。原因如前文所述，较大载荷导致了带材弯曲变形量增大，而不同的力学性能导致基板与镀层的不均匀变形，使得镀层裂纹萌生比基板早，当裂纹发展到一定程度时，镀层内部会生成许多与基板相连的岛状镀层，随着变形继续，镀锌层粉化、脱落，且变形越大脱落越严重，导致摩擦系数在试验过程中呈现较大波动且随载荷增加而增大。从图 4.8(b)可以看出，H340LAD 镀锌钢板的平均摩擦系数大于图 4.8(a)中 DP590 镀锌钢板的平均摩擦系数。这是由于 H340LAD 镀锌钢板的屈服强度较低，H340LAD 镀锌钢板在低应变区的加工硬化指数 n 比 DP590 镀锌钢板低[3]，其形变较大，镀层剥落更为严重。H340LAD 镀锌钢板相对较低的表面硬度使其磨损表面状况更易劣化，导致其摩擦系数较大。

图 4.9 为 DP590 和 H340LAD 镀锌钢板在不同载荷条件下进行耦合变形摩擦试验后的磨损表面 SEM 照片。图 4.9(a)、(b)、(c)是 DP590 镀锌钢板试验后的磨损表面形貌，图 4.9(d)、(e)、(f)是 H340LAD 镀锌钢板试验后的磨损表面形貌。

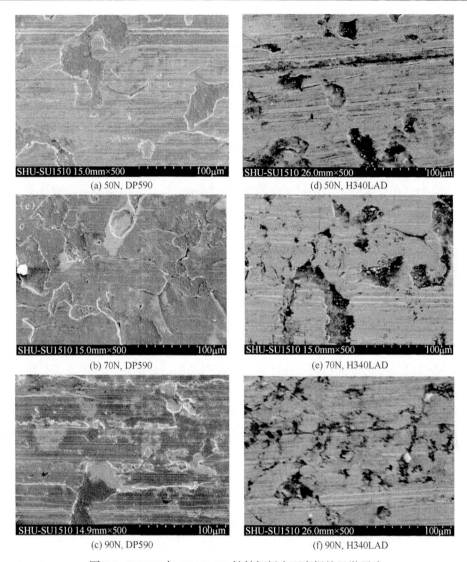

图 4.9　DP590 与 H340LAD 镀锌钢板表面磨损的显微照片

　　由图 4.9(a)、(b)、(c)的比较可以发现，对于 DP590 热镀锌钢板，在载荷 50N 时，试样磨损表面可见一些轻微划痕，表面锌层微凸体有一些脱落；载荷增大到 70N 时，试样磨损表面可以观察到一些裂纹产生；载荷继续增大到 90N 时，试样磨损表面的锌层局部发生了塑性流动。这说明随着载荷增大，DP590 镀锌钢板表面磨损加剧，拉毛损伤更严重。比较图 4.9(d)、(e)、(f)可知，载荷越大，H340LAD 镀锌钢板表面锌层脱落现象越严重，在耦合变形的滑动摩擦过程中磨损也更为严重，这与摩擦系数的变化一致。由图 4.9 可以看出，H340LAD 镀锌钢板的拉毛磨损程度要高于 DP590 钢板，其磨损表面划痕更深，且锌层剥落更为严重。

从微观上讲，压头与板材表面是凸凹不平的，板材和压头间的真实接触是由若干个表面微凸体组成的，这些接触的微凸体在较大的法向力作用下会发生严重塑性变形，在接触处形成冷焊结点，这些结点在滑动摩擦过程中会造成板材表面的划痕。基体与锌层力学性能的不同导致了基板与镀层的不均匀变形，且锌层主要通过断裂而非减薄来容纳应变，因此变形时锌层内部容易产生裂纹，随着载荷增大，钢带初期的严重弯曲变形导致锌层与基体变形的不协调性更加突出，使得锌层容易脱落和粉化。在耦合变形的摩擦过程中，摩擦热的影响也会诱发锌层的塑性流动，在后续滑动中板材表面脱落的锌层在压头表面的黏附和积聚长大并形成黏结瘤，从而划伤试样表面。因此，热镀锌钢板拉毛损伤的主要机理是黏着磨损。

4.2　摩擦耦合变形条件下热镀锌高强度钢板的拉毛损伤机制

大量研究偏重于板料抗拉毛损伤的行为研究，而关于在耦合变形状态下模具表面及板材表面的演变与先进高强钢板的摩擦学性能的响应关系的研究少见报道，难以揭示在先进高强钢结构件成形过程中摩擦副表面拉毛损伤的动态演化机制。因此，本节以 7%变形量的板材拉毛产生过程为例，通过白光干涉仪实时观测模具表面三维动态形貌，直观展示拉毛萌生时模具表面的形貌变化，并结合板材磨损表面状态的演变确定耦合变形的摩擦过程中拉毛现象的产生过程及磨损机理，探究不同变形量下拉毛损伤行为规律背后的内在机制。

4.2.1　拉毛萌生过程

参考 ASTM[4]对拉毛现象的定义，即拉毛是表面损伤的一种，通常发生在滑动固体间，与宏观磨损不同，会使局部粗糙化，并在原始表面形成凸起，以塑性流动为特点，并伴随着材料转移。本节通过实时记录摩擦系数和测量表面粗糙度，结合模具和板材表面形貌的演化，分析模具表面的黏结凸起，从而确定耦合变形摩擦试验中拉毛的萌生。耦合变形的摩擦过程中拉毛的产生大致可分为三个阶段，在每个阶段板材表面粗糙度及摩擦系数的变化都能较好地反映该阶段的摩擦行为。以 7%变形量为例，拉毛产生的三个阶段相对应的滑动距离划分和板材表面粗糙度变化如图 4.10 所示。基于粗糙度变化值 ΔRy 与滑动距离的关系图，划分滑动距离 2720mm 和 5280mm 分别对应拉毛萌生过程的第一和第二阶段的转折点与第二和第三阶段的转折点。

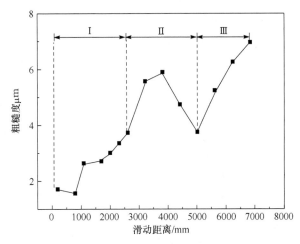

图 4.10　根据表面粗糙度变化值划分的拉毛萌生的三个阶段

　　为更直观了解拉毛萌生时模具表面状态的演变，采用白光干涉仪记录模具在每个阶段的表面三维轮廓，研究中参考了 Emad 等[5]通过采集三维轮廓进行的摩擦研究工作。图 4.11 记录了拉毛萌生第一阶段中模具及板材表面形貌的变化。图 4.11(a)为原始态镀锌钢板表面的微观形貌，可以看出原始裸板经过热浸镀锌后表面锌层并不平整，而是凹凸不平的，并有许多微凸体。淬回火的 DC53 模具钢表面的三维轮廓如图 4.11(b)所示，其表面粗糙度和实际冲压模具的粗糙度相同。模具压头下压与板材接触并使其弯曲变形后的滑动过程中，模具压头与板材一直处于接触状态。从微观上讲，压头与板材表面的真实接触是由若干接触的微凸体组成的。这些接触的微凸体在极大的法向力作用下会发生塑性变形，板材表面的微凸体会在接触应力和滑动作用下被模具表面磨平。这些被磨损的微凸体或从热镀锌钢板上脱落的锌粉会在滑动过程中转移至模具表面，在滑动摩擦过程中在板材表面留下很多细小划痕和塑性流动痕迹。由图 4.11(c)可以清晰观察到，板材表面相比于图 4.11(a)更平整，同时也存在划痕和塑性流动痕迹。图 4.10 中，在 1120mm 滑动距离之前，板材表面的粗糙度变化呈现略微下降的趋势也证实了这一点。图 4.11(d)中模具表面三维轮廓显示模具表面已形成一些凸起，这些凸起来源于热镀锌钢板的锌层脱落后向模具表面的转移。结合图 4.10 可知，在拉毛萌生的第一阶段，即滑动距离达到 2720mm 之前，粗糙度变化值缓慢增长到 4μm，相对应的摩擦系数保持在 0.3 左右。

　　当滑动距离超过 2720mm 时，拉毛萌生进入第二阶段。图 4.12(a)和(b)分别是滑动距离为 2720mm 时板材和模具的表面形貌。比较图 4.11(c)和(d)与图 4.12(a)和(b)，更多转移的材料黏结在模具表面形成了块状凸起，这些块状凸起在滑动摩擦过程中对板材造成更严重的划伤，可以看到在 2720mm 时板材表面有更明显和严重的划痕。这是因为随着滑动的进行，板材表面的锌层持续转移至模具表面，在凸起的黏结点处慢慢堆积，形成比锌层更硬的黏结点，在相对滑动时划伤板材表面和留下划痕。该现象和结果与 Karlsson 等[6]的研究结果类似。另外，在耦合变形的摩擦过程中，由于镀锌层和基体的力学性能不一致，各自的变形能力也不同，基板和镀锌层难以协同变形，而且锌延展性较差，变形时锌层内部容易产生裂纹，在滑动过程中会造成板材表面的大块锌层从基板上脱落，而模具表面黏附的锌粉在滑动过程中开始逐渐形成片状，引起板材表面粗糙度和摩擦系数增大。在后续的滑动摩擦过程中，模具表面黏附的锌层在表面压力作用下逐渐连在一起形成一层薄膜状覆盖在模具钢表面，如图 4.12(d)所示。此时，模具在耦合变形的摩擦滑动过程中对板材的磨损损伤也较轻。在图 4.12(c)中，板材表面可见较多剥落坑，但划痕较少，损伤程度也较轻。根据 Kim[7]等的研究，这层较软的锌覆盖层在摩擦对偶间起到一定的固体润滑作用。这也是图 4.10 中板材表面粗糙度变化值在滑动距离为 4000～5280mm 时出现下降的主要原因。

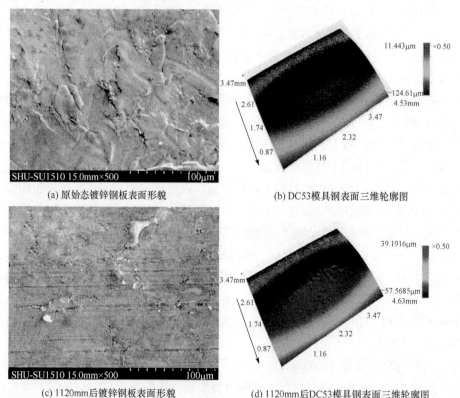

(a) 原始态镀锌钢板表面形貌　　　　　　(b) DC53模具钢表面三维轮廓图

(c) 1120mm后镀锌钢板表面形貌　　　　(d) 1120mm后DC53模具钢表面三维轮廓图

图 4.11　拉毛萌生的第一阶段

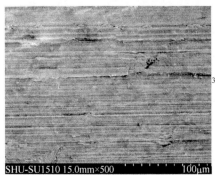
(a) 2720mm后镀锌钢板表面形貌

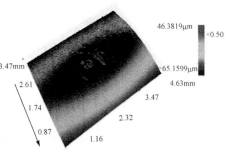
(b) 2720mm后DC53模具钢表面三维轮廓图

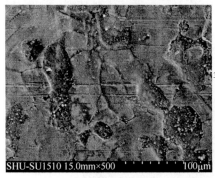
(c) 5280mm后镀锌钢板表面形貌

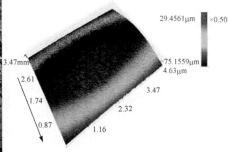
(d) 5280mm后DC53模具钢表面三维轮廓图

图 4.12　拉毛萌生的第二阶段

当滑动距离超过 5280mm 时，在板材和模具接触部位，锌层脱落逐渐加剧且润滑状态越来越恶劣，在继续滑动中板材表面脱落的锌不断转移至模具表面。这些黏附的锌在不断的摩擦挤压作用下会积聚成块状凸起并不断长大，最后形成黏结瘤冷焊在模具表面[8]，如图 4.13(b)所示。黏结瘤在滑动摩擦过程中对板材表面

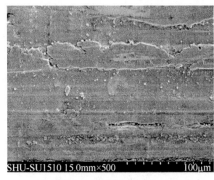
(a) 7200mm后镀锌钢板表面形貌

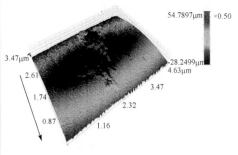
(b) 7200mm后DC53模具钢表面三维轮廓图

图 4.13　拉毛萌生的第三阶段

造成较深的划痕，甚至可以看到犁削作用产生的沟槽。此时，板材表面粗糙度变化呈现急剧增大的趋势，在很短的滑动距离内即达到了拉毛萌生的临界值 ΔRy，约 8μm。

　　图 4.11～图 4.13 所示的 7%变形量下板材和模具表面形貌的演化过程展示了拉毛萌生的整个过程。对拉毛萌生过程分析可知，拉毛的产生是板材表面材料从母体脱落转移至模具表面并逐渐累积的过程。图 4.14 为拉毛萌生后模具表面黏附的黏结瘤横截面的 SEM 照片和沿深度的 EDS 线扫描结果。可以看出，在微观层面上模具表面的黏附物主要为锌，这些锌来源于钢板表面的镀锌层。在摩擦过程中锌层首先在载荷和预紧力作用下发生开裂，随后在滑动摩擦过程中转移到模具表面，经过反复摩擦挤压积聚长大，最后在模具表面形成了黏结瘤。这也从微观层面证实了拉毛是材料转移的过程。

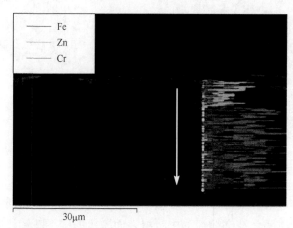

图 4.14　拉毛萌生后模具表面的黏结瘤横截面 SEM 照片和沿深度的 EDS 线扫描结果

4.2.2　拉毛损伤机理

　　图 4.15 为在载荷和模具压头预张紧、未与压头产生相对摩擦时，DP780 热镀锌钢板的表面形貌金相照片。可以看到，在未变形情况下，原始热镀锌钢板表面可见很多微凸体。而经过不同载荷和压下量组合获得不同程度变形、未摩擦试验前的板材镀锌层就已出现了大量断续和垂直于拉伸方向的裂纹，镀层依然黏附在基体上，未观察到镀层的脱落现象。说明在纯拉伸条件下板材变形过程中，镀层主要通过开裂而非减薄来容纳应力作用[1]。可见在耦合变形的摩擦开始阶段，镀层裂纹的萌生首先发生。当裂纹发展到一定程度时，镀层内部会生成许多与基板相连的"锌岛"[9]。比较图 4.15(b)和(c)可以看到，在 15%变形量条件下的板材表面锌层的开裂程度比 7%变形量的更严重，裂纹数量也更多，这使得在后续耦合变形的摩擦过程中，板材表面的锌层脱落会更严重，同时在更加恶劣的接触条件作

用下模具表面拉毛萌生得更早，板材损伤也将更严重。

(a) 塑性拉伸前　　　　　　　　(b) 7%塑性拉伸后　　　　　　　　(c) 15%塑性拉伸后

图 4.15　DP780 热镀锌钢板塑性拉伸前后的表面形貌

用表面粗糙度仪对拉伸变形前后板材表面粗糙度进行测量，见表 4.3。对比发现，变形后的镀锌钢板表面粗糙度会略微变大，并且随着变形量增大而增加，与文献[10]中的结论一致。经过 15%拉伸变形的板材表面粗糙度最大，镀锌钢板表面的粗糙化可能是界面结构损伤的宏观表现，会引发镀层脱落[11]。在实际冲压成形过程中，凹模与压边板在拉深前的合模会导致镀层表面首先出现裂纹，在后续的拉伸耦合变形中会出现表面粗糙度增大以及镀锌层粉化、剥落和转移等现象。

表 4.3　拉伸变形前后板材表面粗糙度

变形量/%	0	7	15
Ra/μm	0.637	0.953	1.146
Ry/μm	1.100	1.573	1.794

在本章研究的耦合变形的摩擦过程中，板材与模具压头在压紧的接触表面往复滑动，会发生局部黏着。根据黏着磨损定义，两个相互接触表面发生相对运动时，由于接触点黏着和焊合而形成的黏结点被剪断，剪断的材料由一个表面转移到另一个表面，或脱落成磨屑而产生磨损。黏着磨损通常是以小颗粒状从一个表面黏附到另一表面，有时也会发生反黏附，即被黏附的表面材料又回到原表面。这种黏附和反黏附往往使材料以自由磨屑状脱落，同时沿滑动方向产生不同程度的磨痕。纵观拉毛形成的三个阶段，黏着磨损始终贯穿其中，最终在模具表面形成黏结瘤。黏着磨损在冲压工艺中非常普遍，也是本章耦合变形的摩擦条件下表面损伤缺陷产生的主要原因，说明该研究方法可在实验室条件下模拟实际冲压成形模具的拉毛损伤形成过程。

此外，从板材和模具的原始表面形貌可以看出，其表面都是凹凸不平的，且冷成形模具的表面硬度总是高于板材的硬度，因此在真实接触过程中犁沟现象是不可避免的。犁沟形成理论认为犁沟效应是硬的粗糙峰嵌入软金属表面后在滑动过程中推挤并使软金属塑性变形，形成的一条条沟槽，如图 4.13(a)所示。因此，仅从板材表面损伤缺陷来看，耦合变形的摩擦过程中板材表面的损伤是黏着磨损和犁沟效应混合作用的产物。

4.2.3　预应变对拉毛行为的影响机制

图 4.16 为三种变形量下板材与模具第一次滑动摩擦后，板材表面形貌的金相照片图。可以看出，在无塑性变形条件下经过一次滑动之后，板材表面还是粗糙不平的状态，同时出现了一些极细微的滑动痕迹。因为没有经过弯曲拉伸变形，所以表面锌层并未出现开裂现象。而 7%变形量下的板材表面滑动摩擦后的粗糙不平变得相对较为平整。经过弯曲拉伸和一次滑动后表面裂纹扩展，锌层呈现即将脱落的状态，同时出现了较无塑性变形更明显的滑动痕迹。15%变形量的板材滑动后已可见较小锌层的剥离，在板材上留下了剥落坑。

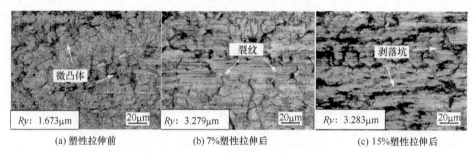

(a) 塑性拉伸前　　　　　　(b) 7%塑性拉伸后　　　　　　(c) 15%塑性拉伸后

图 4.16　滑动 160mm 后不同塑性变形量下镀锌钢板表面形貌

图 4.17 为滑动 5600mm 后三种变形量下板材表面形貌的金相照片。在此滑动距离下，15%变形量下模具表面已产生拉毛痕，而在板材表面则可见较大划痕，同时在图 4.17(c)中可见有材料堆积。这些材料可能是拉毛产生后黏结瘤的犁削作用推挤软的锌层，一方面形成沟槽，另一方面造成锌层堆积，也有可能是板材表面锌层转移至模具表面的材料在拉毛产生后又重新转移到了板材表面。而在此滑动距离下，表面粗糙度较小。从图 4.17(a)和(b)可以看出，两种变形量下的板材表面仍比较平整，无塑性变形量下的板材表面在 5600mm 之后开始出现锌层

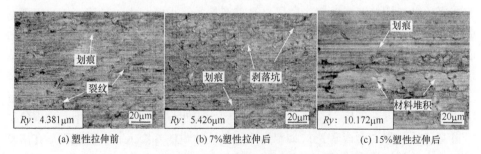

(a) 塑性拉伸前　　　　　　(b) 7%塑性拉伸后　　　　　　(c) 15%塑性拉伸后

图 4.17　滑动 5600mm 后不同塑性变形量下镀锌钢板表面形貌

裂纹，同时有细小划痕。7%变形量下的板材表面可见比较小的锌块剥离脱落。因此，在耦合变形的摩擦状态下，变形量越大，板材表面越粗糙，锌层开裂和脱落越严重，在后续滑动中转移至模具表面的概率越大。这也解释了塑性变形量越大，拉毛萌生越早的研究结果。

通过以上分析得出：

(1) 根据耦合变形摩擦试验后的模具表面三维轮廓以及板材表面粗糙度变化，可以将拉毛萌生划分为三个阶段：第一阶段，首先在预紧力下板材表面锌层开裂，表面微凸体在较短滑动距离内被磨平；第二阶段，板材表面开裂的锌层剥落脱离转移至模具表面，在模具表面形成具有一定固体润滑作用的薄膜；第三阶段，锌层继续脱落和转移，在反复摩擦挤压作用下积聚长大，在模具表面形成黏结瘤。

(2) 在耦合变形的摩擦条件下，拉毛产生的表面损伤是黏着磨损和犁削效应共同作用的结果。

(3) 在预紧状态下，变形量越大板材表面粗糙度越大，镀层表面开裂现象越严重，使得拉毛萌生提前，板材表面损伤更严重。

4.3　热镀锌钢板拉毛萌生的定量判据及动态演化

对薄板冲压来说，冲压件表面出现损伤是模具表面质量下降的宏观表现，当冲压件表面损伤达到一定程度，无法满足某一功能要求时，才判定为不合格零件。拉毛损伤意味着在相互滑动的表面发生了局部粗糙化，并在模具表面形成凸起和润滑状况恶化。基于此，本节以 DP590 热镀锌钢板和 DC53 模具钢耦合变形的摩擦过程为例，通过动态摩擦系数的跃迁捕捉润滑状况的恶化，结合表面形貌分析，观察模具表面的黏结凸起，从而确定耦合变形摩擦试验中拉毛的萌生，并以板材表面 ΔRy 定量评价拉毛损伤程度，以确定 DP590 热镀锌钢板与 DC53 模具钢耦合变形的摩擦过程中拉毛萌生的临界值。

4.3.1　试验方案制定

为真实模拟冲压过程中模具圆角部位的拉毛损伤情况，试验过程中模具压头固定不换，而板材试样依次替换，以保证压头一直处于和板材的新鲜表面摩擦的状态，直至拉毛萌生。试验前用丙酮清洗板材表面并依次编号，板材表面初始粗糙度 Ry_0 约为 1.1μm。耦合变形摩擦试验中，每个往复周期(滑动距离 160mm)更换一根试样以模拟实际冲压过程中模具与板材的接触，每根板材试验后，测量其表面接触部位的粗糙度 Ry_i (i=1,2,3,…)。整个试验过程进行三次重复试验，粗糙度及摩擦系数取其平均值。试验参数为名义载荷 90N、压下量 50mm，润滑条件为边界润滑，为保证较准确润滑用油，用定量针筒将润滑油按照 50～60g/m² 的边界润滑用油标准均匀涂覆在压头和钢带试样表面。

4.3.2　摩擦系数与表面粗糙度变化

　　板材表面拉毛意味着在相互滑动的表面发生了局部粗糙化，并在原始表面形成凸起，必然导致润滑状况恶化，因此通过动态摩擦系数的跃迁结合模具表面形貌分析和拉毛后零件表面粗糙度确定冲压成形中拉毛的萌生。图 4.18 记录了板材试样表面的粗糙度变化值ΔRy(Ry_i 与 Ry_0 的差值)与滑动距离的关系曲线。图 4.19 给出了试验过程中不同滑动距离下的摩擦系数，其中滑动距离分别为 160mm(第 1 根试样)、1120mm、2080mm、3040mm、4000mm、5120mm。

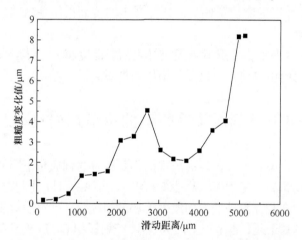

图 4.18　试样表面粗糙度变化值随滑动距离的变化情况

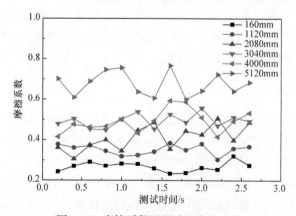

图 4.19　摩擦系数随滑动距离的变化

　　从图 4.18 中可以看出，当滑动距离小于 1000mm 时，板带表面的粗糙度变化值 ΔRy 较小；当滑动距离约为 2720mm 时，ΔRy 达到一个峰值，约为 4.5μm，这是由于滑动过程中板材表面材料脱落转移到模具表面，造成其表面较为粗糙，而模具表面粗糙度增大，会破坏模具与板材间的界面润滑，抗咬合性能差，造成挂料，使得后续板材脱落更为严重。在这个过程中，随着滑动距离增大，平均摩擦系数逐渐增大，如图 4.19 所示；随着滑动距离继续增大，ΔRy 有一个降低的过程；当滑动距离约为 3840mm 后，ΔRy 又增加，在这个阶段的平均摩擦系数基本在 0.4 与 0.55 之间波动；滑动距离达到 4640mm 后，ΔRy 值和平均摩擦系数都有一个明显的跳跃性增长，ΔRy 从 4μm 突然增大到 8μm，在滑动距离为 5120mm 时，平均摩擦系数会突然增大到 0.65 左右。

4.3.3　摩擦表面形貌的动态分析

　　摩擦系数和表面粗糙度的变化量跃迁表明了摩擦状况的恶化，可能是由于模具表面发生了某种突变，致使相对滑动的板材表面产生了拉毛，即双方表面在宏观上发生了局部粗糙化。此过程通常存在材料的塑性流动并伴随材料的转移，在原始表面形成凸起。下面将结合模具表面形貌的变化来确认。

　　图 4.20 记录了不同滑动距离时钢带试样与模具压头的表面形貌，其中图 4.20(a) 和 (b) 分别是试验前板材和模具的形貌。可以看到，钢带试样表面锌层并不平整，可见一些微凸体。

　　在耦合变形的摩擦过程中，模具压头表面与板材表面的接触从微观上讲是由压头与板材表面成千上万个微凸体的接触组成的。这些接触微凸体在法向力作用下发生塑性变形并可能在接触处形成冷焊结点。如图 4.20(c) 所示，板材表面发生了锌层的脱落，转移并黏附到模具表面 [图 4.20(d)]，并随着滑动的继续，转移的锌粒越来越多，最终划伤板料表面。此结果与 Karlsson 等 [6,12] 的研究结果类似。另外，在耦合变形的摩擦过程中，由于镀层和基体力学性能不一致，其变形能力也不同，导致基板与镀层难以协同变形，而且锌的延展性较差，变形过程中主要通过开裂而非减薄来协调变形，因此锌层容易产生裂纹，如图 4.20(c)、(e) 所示。同时在滑动摩擦过程中，摩擦剪切力作用也会造成表面大块锌层从基体剥离、脱落，压头表面黏附的锌粉开始逐渐形成片状 [图 4.20(f)]，引起试样表面粗糙度和摩擦系数增大。在后续耦合变形的滑动摩擦过程中，压头表面黏附的锌层在摩擦应力作用下逐渐连接并形成薄膜状覆盖在模具表面 [图 4.20(h)]。此时，压头与新的试样在进行耦合变形的摩擦时对其表面的磨损程度较轻，如图 4.20(g) 所示。因此，这一过程中试样表面的粗糙度也会下降。但接触部位锌块的脱落逐渐增多且润滑状态也越来越恶化，故其摩擦系数仍在小范围内波动增加。在随后的滑动过程中黏附在压头表面的锌层不断挤压会积聚成块状凸起[图 4.20(j)]，在与板带试样的接触过程中使表面锌层粉化脱落，并在其压力作用下形成塑性流动的痕迹，如图 4.20(i)所示。试样在这个过程中的表面粗糙度又会增大，最后黏着物在反复摩擦挤压中不断积聚长大形成黏结瘤冷焊在压头表面[8]，如图 4.20(l)所示，压头与试样发生耦合变形的摩擦时就会在其表面造成较深划痕，从而形成拉毛损伤[图 4.20(k)]，此时试样的表面粗糙度变化值 ΔRy 骤然增大到约 8μm。

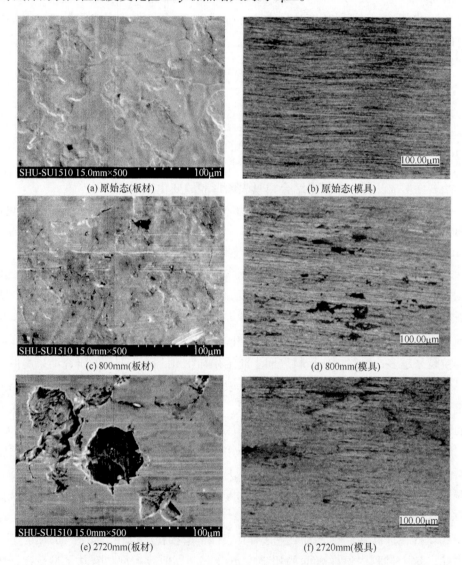

(a) 原始态(板材)　　　　　　　　　(b) 原始态(模具)

(c) 800mm(板材)　　　　　　　　　(d) 800mm(模具)

(e) 2720mm(板材)　　　　　　　　　(f) 2720mm(模具)

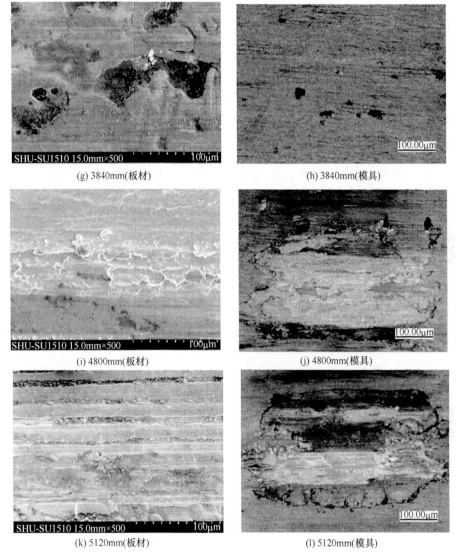

(g) 3840mm(板材)   (h) 3840mm(模具)

(i) 4800mm(板材)   (j) 4800mm(模具)

(k) 5120mm(板材)   (l) 5120mm(模具)

图 4.20 不同滑动距离时钢带试样和模具压头表面的显微照片

此外，对滑动距离约 4480mm 时模具表面局部黏着物[图 4.21(a)]的 EDS 分析[图 4.21(b)]表明，磨损表面堆积物的锌含量达到 67.94%，说明模具表面的黏着物就是耦合变形的摩擦过程中从板材上脱落下来的锌层。

4.3.4 摩擦机制分析

图 4.22 为仅在压头预张紧且未摩擦前 DP590 热镀锌钢板带表面形貌的 SEM 图及能谱分析图。能谱分析表明其主要成分为锌。可以看出，镀层表面出现了大

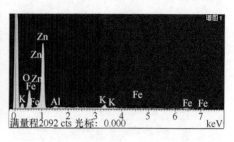

(a) 模具表面的黏着物　　　　　　　　　　　(b) 黏着物的EDS分析

图 4.21　滑动距离为 4480 mm 时的模具表面形貌和黏着物成分

量基本垂直于拉伸方向的断续裂纹，镀层依然黏附在基体上，未观察到镀层脱落现象。这说明在此纯拉伸条件下，镀层的变形主要通过开裂来容纳应力的作用。可见在变形过程中，镀层裂纹的萌生比基板早。当裂纹发展到一定程度时，镀层内部会生成许多与基板相连的镀层小岛。因此在实际冲压成形中，凹模与压边板在拉伸前的合模会导致镀层表面首先出现裂纹，此时镀层表面主要通过开裂来容纳应力作用，并导致后续耦合变形的摩擦过程中出现表面粗糙度增加和镀锌层粉化、剥落及转移等现象。

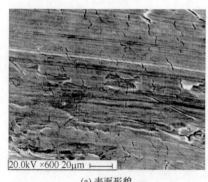
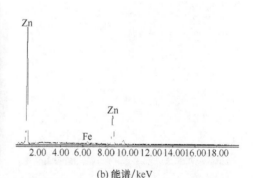

(a) 表面形貌　　　　　　　　　　　(b) 能谱/keV

图 4.22　DP590 热镀锌板拉伸变形后的表面形貌 SEM 照片及能谱分析结果

　　随着滑动摩擦的进行，板料上的突出物脱落转移到模具表面，发生局部黏着，导致板料表面出现粗糙的微观划痕。进一步滑动导致板材表面脱落的突出物积累和增长，板料上的微观划痕被粗糙的宏观划痕取代。从形貌分析结果看，耦合变形的摩擦过程中摩擦表面损伤缺陷是板料与模具接触过程中犁沟效应、黏着效应和疲劳效应混合作用的产物。

　　从图 4.20(a)、(b)所示的板材与模具原始形貌可以看出，模具与板料表面的凸凹不平为犁沟效应发挥作用提供了条件。犁沟理论认为摩擦起源于表面粗糙度、滑动摩擦中的能量损耗与粗糙峰的相互啮合、碰撞及弹塑性变形。因此，犁沟效应造成图 4.20(c)所示的沟槽。因此，单从表现为划伤的表面损伤缺陷来看，犁沟效应是摩擦表面磨损的一种特殊表现形式和主要原因。

黏着效应在冲压工况及本章的条件模拟试验工况中也是客观存在的。在压头下压与摩擦过程中，板料和模具真实接触的微凸峰的摩擦非常剧烈，除机械啮合外，还存在接触表面的分子间作用力，因此在接触界面的模具一侧形成黏结点，并随着冲压继续成长为黏结瘤[图 4.20(j)、(l)]，最终划伤板料表面。黏着效应在冲压工艺中非常普遍，也是本章耦合变形的摩擦条件下表面损伤缺陷产生的主要原因。

当然，从生产过程来看，疲劳效应贯穿于整个冲压成形中，是历次冲压行为的累计效果。冲压过程中要不断更换板料，板料的状态在每次冲压行为中基本不变，而在模具与板料的反复接触和摩擦应力的反复作用下，模具除了在表面形成黏结瘤和犁沟外，在摩擦面以下也会形成孔洞并扩展为裂纹，继而导致表层材料脱落，在模具表面形成疲劳坑，进一步诱发犁沟效应和黏着效应，造成板材表面的损伤加剧。因此，疲劳是表面损伤产生的次要原因。

在研究拉毛损伤行为时，通过对模具和板材表面形貌并结合试验过程中摩擦系数的变化趋势的大量对比分析，认为 ΔRy 约为 8μm 是 DP590 板材试样表面拉毛损伤的临界值。在板材冲压成形加工中，一般认为表面损伤 Ry 超过 10μm 就视为不合格零件[13]，试验结论与实际生产情况具有较好的吻合度。

通过以上分析得出以下结论。

(1) 拉毛过程主要经历三个阶段：首先在变形张紧力作用下在板材表面出现大量垂直于拉伸方向的微裂纹，然后在摩擦过程中镀锌层脱落转移到压头表面，在试样表面造成局部轻微磨损；开裂和脱落转移到压头表面的锌层，随滑动距离的增长在压头表面积聚长大，形成片状薄膜；最后形成使板材试样表面有较深划痕的块状黏结瘤。

(2) 试样表面粗糙度变化值 ΔRy 和平均摩擦系数随着滑动距离增大，在第一阶段呈增大趋势；在第二阶段随着滑动距离增大，ΔRy 减小，当压头表面的锌层薄膜形成时降至最小，但平均摩擦系数仍在 0.4 与 0.55 之间波动增加；在第三阶段，平均摩擦系数又逐渐增大，当黏结瘤形成后，ΔRy 会突然增至 8μm，平均摩擦系数同样出现跳跃式增大。

(3) 提出了一种以板材表面拉毛损伤的几何特征、表面粗糙度变化值 ΔRy 作为评价拉毛损伤的定量参数的定量判断拉毛损伤标准的测试方法。通过模具和板带试样的表面形貌分析，验证了该方法的可靠性，与实际冲压过程中成形件表面 Ry 超过 10μm 就视为不合格零件[13]的表面损伤判定标准具有较好的吻合度。

参 考 文 献

[1] 朱瑞琪. 热轧 DP600 汽车用钢变形及断裂行为研究[D]. 武汉: 武汉科技大学, 2018.

[2] 鲍平, 蒋浩民, 陈新平. 热镀锌铁合金钢板冲压成形过程表面特性研究[J]. 锻压装备与制造技术, 2008, 42(3): 73-74.

[3] 陆演. DP590 先进高强度钢板成形性能及其在汽车 B 柱中的应用研究[D]. 重庆: 重庆大学, 2011.

[4] ASTM. Standard Terminology Relating to Wear and Erosion[A]. G 40-13, 2013.

[5] Emad O, Ahmad P T, Mojtaba F F, et al. Tribological study in microscale using 3D SEM surface reconstruction[J]. Tribology International, 2016, 103: 309-315.

[6] Karlsson P, Krakhmalev P, Gåård A, et al. Influence of work material proof stress and tool steel microstructure on galling initiation and critical contact pressure[J]. Tribology International, 2013, 60: 104-110.

[7] Kim H. Prediction and elimination of galling in forming galvanized advanced high strength steels [D]. Columbus:The Ohio State University, 2008.

[8] 孙胜伟. 轿车车身覆盖件冲压拉毛问题分析及对策[J]. 汽车工艺与材料, 2012, (12): 1-4.

[9] Wang W R, Hua M, Wei X C. A comparison study of sliding friction behavior between two high strength DP590 steel sheets against heat treated DC53 punch: Hot-dip galvanized sheet versus cold rolled bare sheet [J]. Tribology International, 2012, 54: 114-122.

[10] Wichern C M, de Cooman B C, van Tyne C J. Surface roughness changes on a hot-dipped galvanized sheet steel during deformation at low strain levels[J]. Acta Materialia, 2004, 52(5): 1211-1222.

[11] 张凯, 陈光南, 张坤, 等. 塑性变形导致的镀锌板基体表面粗糙化现象[J]. 塑性工程学报, 2008, 15(6): 1-3.

[12] Karlsson P, Gåård A, Krakhmalev P, et al. Galling resistance and wear mechanisms for cold-work tool steels in lubricated sliding against high strength stainless steel sheets[J]. Wear, 2012, 286: 92-97.

[13] Gearing B P, Moon H S, Anand L. A plasticity model for interface friction: Application to sheet metal forming[J]. International Journal of Plasticity, 2001, 17(2): 237-271.

第5章 摩擦耦合变形条件下模具的表面改性

在冲压成形中，冲压模具的严重磨损是导致模具失效的主要因素，因此国内外学者和技术人员对模具失效机理及延寿技术进行了大量卓有成效的研究工作，以降低模具服役过程中的摩擦磨损、提高模具使用寿命和降低生产成本。在提高模具服役寿命方面，重点开展了新型模具钢的研发，以及采用合适的表面处理技术提高模具表面硬度和改善模具的摩擦学性能研究。

表面处理技术是指通过一些物理、化学、机械或复合方法使材料表面具有与基体不同的组织结构、化学成分和物理状态，从而使经过处理后的表面具有与基体不同的性能。经过表面处理后的材料，其基体的化学成分和力学性能并未发生变化(或未发生大的变化)，但其表面却拥有了一些特殊性能，如高的耐磨性、耐蚀性、耐热性及好的导电性、电磁特性、光学性能等。

对于冷作模具钢，目前采用的表面处理技术主要有物理气相沉积(physical vapor deposition,PVD)、渗金属(丰田扩散(Toyoda diffusion,TD)、热反应扩散(thermal reaction diffusion,TRD))、渗硼、渗氮或氮化、热喷涂喷焊技术等，以改变模具表层成分、组织和性能，改善和提高模具的摩擦学性能。

本章主要介绍耦合变形摩擦试验中的压头经渗硼、热喷涂、渗氮、渗金属和物理气相沉积五种表面处理技术处理后，对耦合变形摩擦行为的影响[1-6]，可为提高成形模具服役寿命表面处理技术的选择提供参考。

5.1 表面渗硼层改性

将硼元素渗入工件表层的化学热处理工艺称为渗硼。渗硼能提高钢铁、非铁金属与合金的表面硬度、红硬性、耐磨性、耐蚀性与抗高温氧化性能，是广泛应用的一种表面处理技术。

硼在钢中的溶解度极低，随着温度的变化，其最大值也不超过 0.02%。硼在周期表中是位于第二周期在碳元素前并紧挨着碳的元素；它与氮、氧都有很好的亲和力；与碳也能形成碳化物 B_4C。渗硼原理和其他化学热处理相似，由含硼介质分解产生活性硼原子作为硼源，其在工件表面吸附并向工件内部扩散等过程组成。通常的渗硼方法有固体法、熔盐法、气体法和离子法，它们分解出活性硼原子的方法是不同的，但硼原子被表面吸附和向内部扩散的过程是一致的。

本节主要通过渗硼处理改变对偶材料 DC53 冷作模具钢表面性态，在分析渗硼层的厚度、硬度和组成相的基础上，研究 SUS304 不锈钢的摩擦行为，为分析耦合变形条件下的摩擦行为奠定基础。

5.1.1　渗硼层表征

本节采用的渗硼工艺为：在坩埚底部铺 3cm 左右的固体渗硼剂，然后放入 DC53 冷作模具钢试样，再用渗硼剂填满坩埚并密封，在 950℃下保温 7h 后，随坩埚空冷。固体渗硼剂选用洛阳华为热处理厂的 LSB-IA 型粒状单相渗硼剂。

图 5.1 是渗硼层金相照片的截面图。可以看出，渗硼层呈锯齿状形态，厚度约 35μm。渗硼是一个热扩散控制过程，它的原理为硼原子主要沿[001]扩散进入基体，与基体发生反应形成一定数量锯齿状硼化物[7,8]，与基体材料实现有效结合。

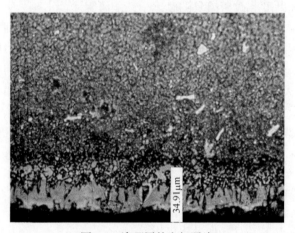

图 5.1　渗硼层的金相照片

图 5.2 给出了渗硼层从表面到心部的硬度梯度曲线。可以看出，硬度分为两

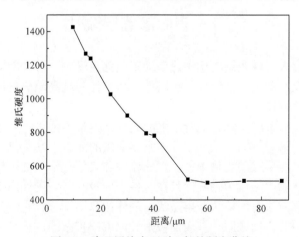

图 5.2　渗硼层从表面到心部的硬度曲线

个区域，第一个区域主要是硼化物组成的渗层和含有大量硼的过渡区。第二个区域则为基体。

图 5.3 是渗硼层的 XRD 图。可以看出，渗层表面存在大量 Fe_2B，2θ 在 38° 和 49°处有可能是 FeB 或 $Fe_3(C,B)$的两个小峰。Fe_2B 硬度在 1400HV 左右，略低于 FeB，但其耐黏着磨损性能优于 FeB。同时 FeB 脆性大，容易开裂[9]，因此在渗硼层对耦合变形的摩擦行为研究中选用单相渗硼作为模具钢的表面改性层。

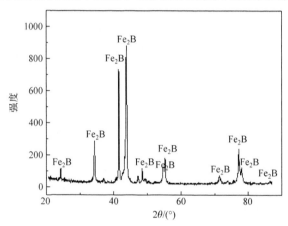

图 5.3　渗硼层的 XRD 图

5.1.2　渗硼层的摩擦磨损性能

采用 SST-ST 盘-销试验机研究 DC53 经渗硼处理后与 SUS304 不锈钢配副的摩擦磨损性能。试验采用齿轮油润滑，试验时间为 6000s，载荷分别为 100N、200N、300N。利用 SEM、表面三维轮廓仪和分层 XRD 检测来研究奥氏体不锈钢销试样在摩擦试验后的磨痕形貌及摩擦变形层的相组成和结构。

1. 摩擦系数

图 5.4(a)是载荷为 200N、齿轮油润滑条件下，DC53 经淬回火和渗硼处理后与 SUS304 不锈钢配副的摩擦系数对比。可以看出，与经淬回火处理的 DC53 配副时，SUS304 不锈钢的摩擦系数起伏较大。在 1000s 时，摩擦系数急剧下降并在小范围内波动至试验结束。可能的原因在于，随着试验进行，SUS304 不锈钢在摩擦力作用下发生了亚稳奥氏体向马氏体的转变。因为奥氏体硬度低，黏着倾向大，而马氏体硬度高，黏着倾向小，所以在试验进行到 1000s 时，摩擦系数急剧降低，随后趋于稳定。在与经过渗硼处理的 DC53 冷作模具钢配副时，虽然初期摩擦系数也相对较高，但显著低于未处理的摩擦系数，且平缓下降到一个较为稳定的范围小幅波动。

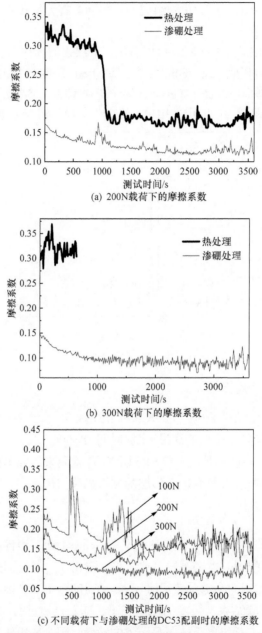

(a) 200N载荷下的摩擦系数

(b) 300N载荷下的摩擦系数

(c) 不同载荷下与渗硼处理的DC53配副时的摩擦系数

图 5.4 不锈钢销试样与淬回火、渗硼处理的 DC53 配副时的摩擦系数

　　图 5.4(b)给出了在载荷为 300N、齿轮油润滑条件下，DC53 经淬回火处理和渗硼处理后与 SUS304 不锈钢配副的摩擦系数对比。可以看出，淬回火处理后摩擦副的摩擦系数很大，在试验进行了 600s 时，因摩擦扭矩过大试验无法继续。渗

硼处理的摩擦系数和在 200N 下类似，随试验进程摩擦系数小且平稳。

图 5.4(c)是在齿轮油润滑条件下，不锈钢销与渗硼处理的 DC53 配副时在不同载荷下的摩擦系数对比。可以看出，随着载荷增加，摩擦系数降低，波动变小。可能原因在于，随着载荷增加，销试样与盘之间的摩擦力增加，摩擦诱发了亚稳奥氏体向马氏体转变，使得销摩擦表面硬度提高和抗黏着磨损性能改善，摩擦系数呈下降趋势。

2. 三维表面形貌分析

图 5.5 为不锈钢销磨损表面的三维轮廓，其中图 5.5(a)是在载荷为 300N、齿轮油润滑条件下，与淬回火处理的 DC53 配副的 SUS304 不锈钢销的三维轮廓图。可以看出，销表面划痕明显且可见大量因黏着形成的撕裂坑。图 5.5(b)是在载荷为 300N、齿轮油润滑条件下，与渗硼处理的 DC53 配副的 SUS304 不锈钢销的三维轮廓图。可见销表面光滑，几乎观察不到犁沟或黏着痕迹。这说明 DC53 经渗硼处理后降低了不锈钢的黏着倾向。图 5.5(c)、(d)是在载荷 400N 下，不锈钢销试样的磨损表面表现出与载荷 300N 时相同的规律。配副体经过淬回火处理时，不锈钢销试样的磨损表面随着载荷增加，黏着倾向增加和犁沟变深。与渗硼处理的 DC53 配副的不锈钢销试样的磨损表面随着载荷增加，磨痕变深。

(a) 300N下与淬回火DC53配副

(b) 300N下与渗硼处理DC53配副

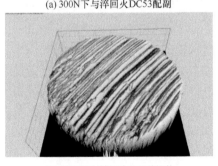
(c) 400N下与淬回火DC53配副

(d) 400N下与渗硼处理DC53配副

图 5.5　不锈钢销磨损表面的三维轮廓

3. SEM 表面形貌分析

图 5.6 为齿轮油润滑条件下销的表面磨损形貌 SEM 照片。由图可以看出，在载荷为 200N 和 300N，不锈钢销与经过淬回火处理的 DC53 配副时，其磨损表面的黏着比与渗硼处理的配副严重。而且随着载荷增加，不锈钢销表面的黏着加重，磨粒磨损也增加。不锈钢销与经渗硼处理的 DC53 配副时，其摩擦表面主要为磨粒磨损，随着载荷增加，磨粒磨损也增加。

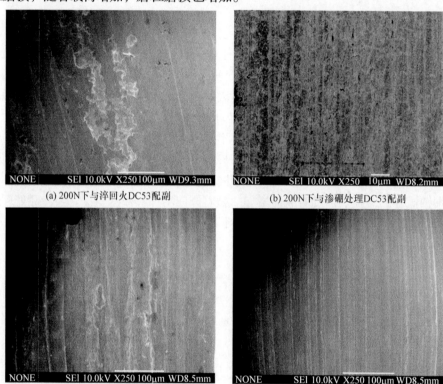

(a) 200N下与淬回火DC53配副　　　　　　　(b) 200N下与渗硼处理DC53配副

(c) 300N下与淬回火DC53配副　　　　　　　(d) 300N下与渗硼处理DC53配副

图 5.6　不锈钢销试样表面磨损形貌

当载荷较小时，经过淬回火处理的不锈钢销的磨损表面以黏着磨损为主。随着载荷增大，转变为黏着磨损和磨粒磨损的共同作用[10,11]。这种变化可能是因为黏着磨损形成了黏结瘤、不锈钢销的磨屑因加工硬化以及马氏体相变而成为硬质凸体和颗粒[12,13]，造成了销试样表面磨粒磨损。

DC53 表面形成的以 Fe_2B 为主的渗硼层减少了不锈钢销表面的黏着倾向。随着载荷增加，销表面出现磨粒磨损并有少量黏着痕迹。

4. 磨损表面 XRD 分析

在摩擦试验和磨损形貌分析的基础上，利用电解抛光减薄的方法，按照图 5.7

逐层减薄示意图对不锈钢销试样从摩擦表面减薄进行 XRD 测试，检测 SUS304 不锈钢销受摩擦影响产生的变形层中不同厚度处的组织变化，以研究不锈钢的摩擦行为与其变形层组织之间的关系。电解液(质量分数)为：20% H_2SO_4，65% H_3PO_4，15% H_2O；电解液温度为 50～53℃；采用直流稳压电源，试验过程中进行搅拌，使电解反应均匀进行。

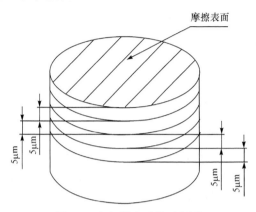

图 5.7　电解抛光减薄示意图

图 5.8 为奥氏体不锈钢销试样在齿轮油润滑和不同载荷下摩擦变形层的 XRD 图。由图可见，无论载荷大小，不锈钢销试样的磨损表面均发生了大量马氏体转变，奥氏体衍射峰基本消失。随着减薄厚度增加，和淬回火处理的 DC53 配副，在 200N 时，距不锈钢销磨损表面约 90μm 处，未检测出马氏体衍射峰；在 300N 时，磨损表面下 130μm 处也未检测出马氏体衍射峰；配副体经渗硼处理后，磨损表面下 25μm 处未检测到摩擦诱发转变的马氏体衍射峰，说明 DC53 表面改性后摩擦系数降低和摩擦剪切力减小，降低了不锈钢销试样摩擦变形层的深度。

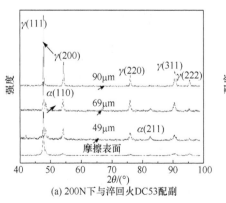

(a) 200N下与淬回火DC53配副

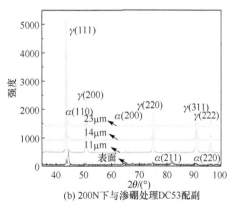

(b) 200N下与渗硼处理DC53配副

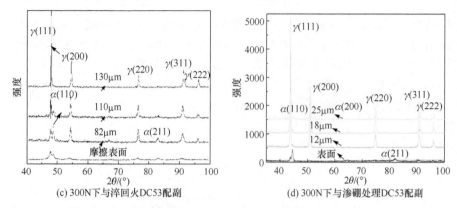

(c) 300N下与淬回火DC53配副　　　　　(d) 300N下与渗硼处理DC53配副

图 5.8　齿轮油润滑条件下不锈钢销试样的摩擦变形层的 XRD 图

通过以上分析可以得知：

(1) DC53 表面形成的渗硼层由呈锯齿状硼化物层和黑白相间的过渡层组成。渗硼层深度约 35μm，渗层主要由 Fe_2B 和少量 FeB 或 $Fe_3(C,B)$ 组成，硬度为 $1400HV_{0.02}$，从表面至心部呈梯度下降趋势。

(2) Fe_2B 相良好的耐黏着磨损性能赋予了 DC53 与 SUS304 不锈钢销配副对磨时较小的摩擦系数，比与经过淬回火处理的 DC53 配副时的摩擦系数小，而且摩擦系数波动也小。

(3) 不锈钢销的摩擦变形层中均在摩擦作用下诱发了奥氏体向马氏体的转变。与经渗硼处理的 DC53 配副的不锈钢销的摩擦变形层深度显著小于未经表面处理的销的深度。

5.2　表面 TD 覆层改性

TD 处理技术是 20 世纪 70 年代日本丰田中央研究所开发的一种渗金属化学热处理技术，是熔盐法、电解法及粉末法进行表面强化(硬化)处理技术的总称。应用最广泛的是熔盐法，它在模具表面形成 VC、NbC 等碳化物超硬涂层(实为渗层)。由于这些碳化物具有很高硬度，所以经 TD 处理的模具可获得特别优异的力学性能。一般来说，采用 TD 处理与采用化学气相沉积(chemical vapor deposition，CVD)、PVD、等离子化学气相沉积等方法进行的表面硬化处理效果相近，但 TD 处理设备简单、操作简便、成本低廉，故 TD 处理是一种很有发展前途的表面强化处理技术。

TD 处理技术的基本原理是将钢铁材料浸入含有碳化物形成元素(如钒、铌、铬等)的熔融硼砂盐浴中，工件中的碳原子会向外扩散至工件表面，与盐浴中的碳化物形成元素结合为一层极薄的碳化物，因为覆层很薄(5～20μm)，所以碳原子可以不断地向外扩散至被覆层表面而形成更厚的碳化物层。通常所指的 TD 处理技术都是指在盐浴条件下形成碳化物的表面处理技术，本节采用的也是这种技术。

　　TD 处理后的碳化物层具有很高硬度，可达到 1600～3000HV。此外，渗层的形成是钢中碳和盐浴中金属原子的结合，因此碳化物覆层与基体是冶金结合，不影响工件表面粗糙度，具有极高耐磨、抗咬合、耐蚀等性能，可以大幅度提高工模具及机械零件的使用寿命[14]。

　　本节主要通过 TD 处理改变 DC53 冷作模具钢的表面性态，在分析涂层厚度、硬度和组成相的基础上，研究在耦合变形条件下模具改性层对 DP590 高强度钢板摩擦磨损性能的影响。

5.2.1　TD 覆层表征

　　本节采用的 TD 处理工艺为：将淬火后的 DC53 冷作模具钢放入经脱水处理的硼砂中，待温度达到 900℃时往熔盐中加入 V_2O_5、Nb_2O_5、Cr_2O_3 等氧化物，并充分搅拌，然后加入 B_4C 作为还原剂，待温度达到 950℃时保温 4h，取出试样后进行油淬、空冷。

　　图 5.9 为 TD 覆层横截面的 SEM 照片。可以看出，渗层厚度约为 8μm，覆层致密和连续，形成了完整的表面覆层。TD 覆层与基体界面明显，无明显过渡层，渗层硬度约为 $2200HV_{0.05}$。

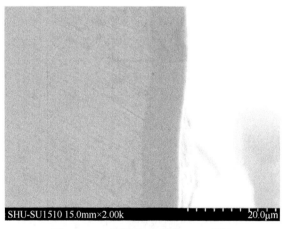

SHU-SU1510 15.0mm×2.00k　　　　　　　20.0μm

图 5.9　TD 覆层横截面的 SEM 照片

　　图 5.10 为 TD 覆层的 XRD 分析。可以看出，渗层中仅为单一 VC 相，表明其主要由 V 和 C 元素组成，不存在其他元素。VC 层的形成是基体中的 C 原子和

盐浴中的 V 原子互扩散结合形成的。

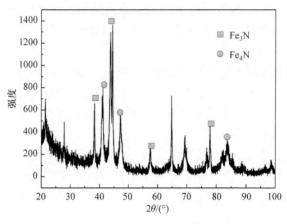

图 5.10　TD 层 XRD 分析

5.2.2　TD 覆层的摩擦磨损性能

1. 摩擦系数及粗糙度变化值

图 5.11 给出了经 TD 处理的 DC53 压头与 DP590 热镀锌钢板在耦合变形摩擦试验中的摩擦系数随滑动距离的变化，滑动距离分别为 160mm(第 1 根试样)、3040mm、5120mm、7520mm、8480mm。可以看出，压头经 TD 处理后，摩擦系数随滑动距离的增大而增大，但增大幅度较小，当滑动距离达到 8480mm 时，平均摩擦系数约为 0.38。

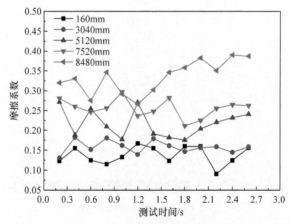

图 5.11　与 TD 处理的压头配副时的摩擦系数随滑动距离的变化情况

图 5.12 给出了淬回火和 TD 处理的压头与 DP590 热镀锌钢板配副时，钢板

的粗糙度随滑动距离的变化。可以看出，与淬回火压头配副时，钢板的粗糙度变化值ΔRy的变化趋势呈三个阶段，先增大后减小，然后增大，在滑动距离为4800mm 时出现跳跃性增长。与 TD 处理的压头配副时钢板的粗糙度变化值ΔRy随滑动距离的增大缓慢增加，增加幅度非常小。比较与这两种状态压头配副时钢板的粗糙度发现，前期与 TD 处理的压头配副时，钢板的粗糙度变化值ΔRy较大，随着滑动距离增大，与 TD 处理配副的钢板粗糙度变化值比淬回火时的更小，且增长更缓慢。

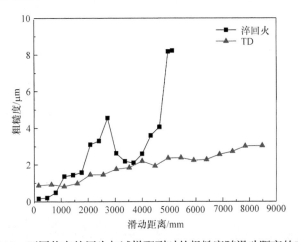

图 5.12　不同状态的压头与试样配副时的粗糙度随滑动距离的变化

2. 磨损表面动态形貌分析

图 5.13 是 DP590 热镀锌钢板与 TD 处理的 DC53 模具压头配副时，板材与模具表面形貌的显微照片。

(a) 原始态(板材)　　　　　　　　　　　　(b) 原始态(模具)

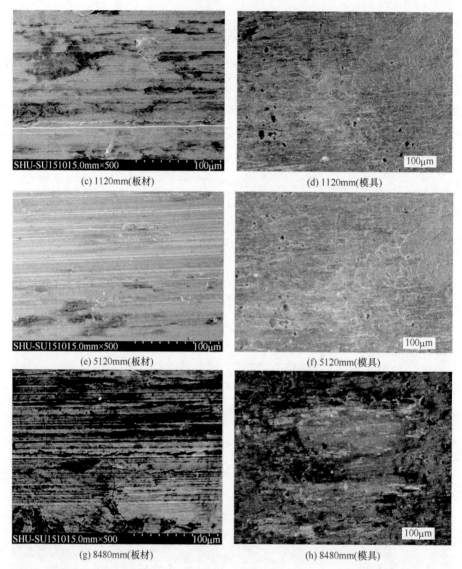

(c) 1120mm(板材)

(d) 1120mm(模具)

(e) 5120mm(板材)

(f) 5120mm(模具)

(g) 8480mm(板材)

(h) 8480mm(模具)

图 5.13　DP590 热镀锌钢板与 TD 处理的 DC53 模具压头配副时，板材(左列)和模具(右列)的
表面形貌

　　图 5.13(a)和(b)为板材和 TD 处理的模具压头表面微观形貌。可以看到，压头
经过 TD 处理后覆层表面有一些细小孔洞，因此在滑动过程中会使板材表面产生
划痕[图 5.13(c)]，且在滑动初期使板材表面的粗糙度增大(图 5.12)。而压头表面仅
黏附有很少量锌粉，如图 5.13(d)所示。随着滑动距离增大，压头表面形貌变化不
大[图 5.13(f)]，同样的板材表面划痕也较浅，如图 5.13(e)所示，此时的滑动距离
已增大到 5120mm，但压头和板材表面的磨损状态仍比较轻。而与淬回火压头配

副，滑动距离达到 5120mm 时，板材磨损表面已出现严重拉毛现象。这说明 TD
处理的渗层表现出优异的抗拉毛性能。随着耦合变形摩擦试验继续，当滑动距离
增大到 8480mm 时，压头表面也出现了轻微磨损，板材表面的划痕也略有加深[图
5.13(g)、(h)]。这是由于渗层表面微凸起在较长时间的摩擦试验后产生了一定的磨
损，在后续滑动中以磨粒磨损的形式在板材上犁出一条条划痕。因此，其磨损机
理主要为磨粒磨损。结合对图 5.12 中粗糙度变化值ΔRy 的分析可知，此时板材并
未出现很深的沟痕，因此在滑动距离 8480mm 时板材表面仍未出现拉毛的明显迹
象，且压头表面的磨损损伤较轻。

3. 三种处理态压头的拉毛性能对比

图 5.14 为淬回火、渗氮和 TD 处理的压头耦合变形摩擦试验后表面形貌的金
相照片。

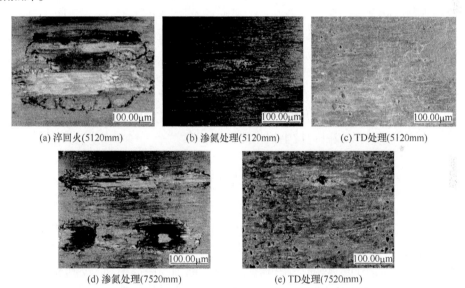

图 5.14　三种不同处理状态模具压头的表面形貌对比

图 5.14(a)、(b)和(c)是滑动 5120mm 后，淬回火、渗氮和 TD 处理的压头的表
面形貌。可以明显看出，在相同滑动距离时，TD 处理的压头的抗拉毛性能最好，
渗氮处理的压头的抗拉毛性能也有显著提高。图 5.14(d)和(e)为滑动 7520mm 后，
渗氮和 TD 处理的压头的表面形貌。此时，经渗氮处理的压头磨损表面已黏附了
较多锌粉及硬质颗粒，在滑动过程中两者混合在一起经反复积聚碾压在压头表面
形成了较硬的黏结瘤；而经 TD 处理的压头磨损表面仅有轻微磨损。显然，TD 处
理层的抗拉毛性能更优异。TD 处理的压头滑动距离增大至 8480mm 时，板材表
面状态比渗氮处理的压头滑动距离为 7520mm 时的板材表面状态还要好，这说明

相比于渗氮处理，TD 处理后的压头不仅自身具有优异的抗拉毛性能，也可显著改善板材的表面状态，有利于实际冲压过程中模具寿命提高和成形件质量改善。

采用 TD 处理的 VC 渗层和基体有优良的界面结合力，且 VC 层硬度高、具有良好的抗黏着能力，因此可以有效抵抗磨料的切削，大大提高耐磨性能。当模具表面硬度与板料硬度相差较小时，接触面间摩擦加剧，由此产生的摩擦高温会引起模具表面软化或塑性变形，易在表面形成黏结瘤，导致拉毛缺陷。当模具与板材硬度相差较大且模具表层具有较好抗黏着磨损性能时，接触面的摩擦阻力相对较小，能延缓和弱化拉毛缺陷的产生。TD 处理 VC 层的高硬度和优良的抗黏着磨损性能，使得其在耦合变形的摩擦过程中可降低黏着磨损趋向，从而减小或推迟拉毛损伤的发生。

由以上分析得出：

(1) TD 处理层相组成仅为单一 VC，厚度约 8μm，渗层致密和连续，表面硬度为 $2200HV_{0.05}$。

(2) TD 处理的 DC53 的平均摩擦系数小于渗氮处理的 DC53 平均摩擦系数，淬回火压头的平均摩擦系数最大。

(3) 随着耦合变形的摩擦距离增大，淬回火压头的粗糙度变化值 ΔRy 总体上最大，渗氮处理的次之，TD 处理的粗糙度变化值最小且增长最为缓慢。

(4) 相比于渗氮处理，TD 处理后压头抗拉毛性能更为优异，可以抑制或减少黏着磨损发生，减少或推迟拉毛损伤的发生。

5.3 表面热喷涂层改性

热喷涂技术是一种将涂层材料(粉末或丝材)送入某种热源(电弧、燃烧火焰、等离子体等)中熔化，并利用高速气流将其喷射到基体材料表面形成涂层的工艺。根据涂层材料的不同，热喷涂层可具有耐磨、耐蚀、耐高温和隔热等优良性能，并能对磨损、腐蚀或加工超差引起的零件尺寸减小进行修复，在航空航天、机械制造、石油化工等领域中得到广泛应用[8]。

热喷涂技术出现在 20 世纪早期的瑞士，随后在苏联、德国、日本、美国等国家得到不断发展。各种热喷涂设备的研制、新的热喷涂材料的开发及新技术的应用，使热喷涂的涂层质量不断提高并开拓了新的应用领域。

本节采用等离子喷涂技术，在 DC53 冷作模具钢表面形成一层具有耐磨、耐蚀、耐热、绝缘等优良性能的 $Al_2O_3+40\%TiO_2$ 陶瓷涂层，在分析涂层显微硬度、结合强度、孔隙率和相组成的基础上，采用 SST-ST 销-盘试验机研究了 SUS304 不锈钢与等离子喷涂处理的 DC53 配副时的摩擦性能。

5.3.1　涂层表征

本节采用的等离子喷涂流程为:酸洗清除 DC53 模具钢基体表面油污和除锈,然后喷砂清除基体表面氧化皮,粗化并活化基体表面。喷砂压力 0.6MPa,喷砂角度约为 60°,在喷涂送粉前利用喷枪火焰对基体进行预热。工作气体为 Ar 和 H_2,流量分别为 50L/min 和 0.6L/min,送粉量为 18L/min,喷涂功率为 36kW,喷枪距试样 8mm。

喷涂层的黏结底层采用具有优异自黏结性能的包覆型合金粉末 Ni/Al,以提高陶瓷涂层与基体的结合强度。而且它可与基体形成部分冶金结合,结合强度高,致密性好,其成分见表 5.1。表面工作涂层选用 $Al_2O_3+40\%TiO_2$ 复合陶瓷粉末,其成分见表 5.2。

表 5.1　试验用 Ni/Al 粉末成分

成分	Al	Ni	杂质
含量/%(质量分数)	9.0~11.0	余量	<1.0

表 5.2　试验用 $Al_2O_3+40\%TiO_2$ 粉末成分

成分	TiO_2	Al_2O_3	杂质
含量/%(质量分数)	40	余量	<0.5

1. 涂层形貌

图 5.15(a)、(b)为 $Al_2O_3+40\%TiO_2$ 粉末(简称 AT40 粉末)的 SEM 图,图 5.15(c)、(d)分别是喷涂层表面和截面 SEM 图。

可以看到,$Al_2O_3+40\%TiO_2$ 粉末颗粒大小不均匀,且形状不规则。在喷涂过程中,虽然等离子火焰温度可达 10000℃,但是由于陶瓷粉末大小和形状的不均匀、流动性较差、热导率较低以及粉末在等离子火焰中停留的时间较短,较大颗粒的粉末仍难以完全熔化,因此在图 5.15(d)中仍可见未完全熔化的微粒。从图 5.15(d)中可以看到,涂层组织呈被撞击的扁平状。

图 5.16 为 $Al_2O_3+40\%TiO_2$ 原始粉末和涂层表面的 XRD 图。原始粉末主要由 Al_2O_3、TiO_2 及少量 $Ti_xO_{(2x-1)}$ 组成,TiO_2 为金红石型。在对应的喷涂层中则发现了 Al_2TiO_5,说明在喷涂过程中发生了式(5.1)所示的反应。TiO_2 与 Al_2O_3 的熔点、密度和热膨胀系数较为相近,在 Al_2O_3 中加入 TiO_2 尽管会降低涂层硬度,但能提高涂层致密性和改善涂层韧性。喷涂时高熔点 Al_2O_3 (2030℃)形成多孔骨架,熔点较低的 Al_2TiO_5 (1840℃)会被熔融,填充在 Al_2O_3 孔隙中,对抑制涂层裂纹有良好作用。同时 Al_2TiO_5 适中的热膨胀系数及与底层的润湿角小,有利于增强陶瓷层

与底层结合力[15]。

$$Al_2O_3 + TiO_2 \Longrightarrow Al_2TiO_5 \tag{5.1}$$

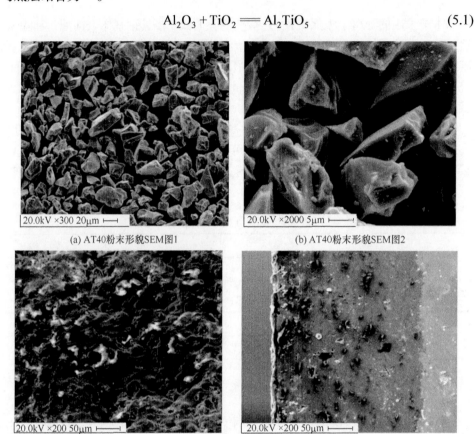

(a) AT40粉末形貌SEM图1　　　　　　(b) AT40粉末形貌SEM图2

(c) AT40陶瓷层截面形貌SEM图　　　　(d) 涂层截面形貌SEM图

图 5.15　涂层的 SEM 照片

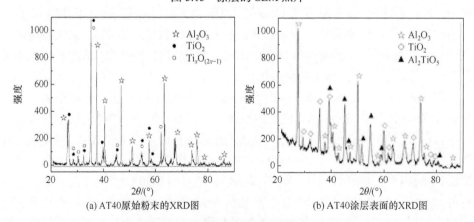

(a) AT40原始粉末的XRD图　　　　　(b) AT40涂层表面的XRD图

图 5.16　AT40 原始粉末和涂层表面的 XRD 图

2. 涂层显微硬度

喷涂方法和喷涂条件的差别决定了涂层的非均一性：硬度、涂层中微粒大小与结构、气孔多少与大小、氧化物含量等。涂层的多相结构决定了其硬度的不均匀性，涂层的显微硬度为 707～900HV$_{0.02}$，波动较大[16]。

Al$_2$O$_3$+40%TiO$_2$ 的涂层硬度远低于 Al$_2$O$_3$(1800HV)的硬度。Al$_2$O$_3$+40%TiO$_2$ 涂层中较大比例的高硬度 Al$_2$O$_3$ 使得显微硬度较高。

3. 涂层结合强度

采用 GB/T 8642—2002《热喷涂 抗拉结合强度的测定》测试了涂层结合强度[17]。试样采用 DC53 模具钢，试样尺寸及黏结示意图如图 5.17 所示。将对偶件的一面按与摩擦试样相同的喷涂工艺进行喷涂，涂层厚度为 300μm，在保证试件同轴度的前提下，用强力胶按黏结工艺与未喷涂面进行黏结，黏结层厚度 0.6～0.8mm。清除干净溢出的黏结剂，固化后加载，记下破断时的载荷。按式(5.2)计算涂层结合强度。试验结果取 5 个试样的平均值，涂层与基体的平均结合强度为 14.2MPa。

$$\sigma_{\mathrm{F}} = \frac{P}{S} \tag{5.2}$$

式中，σ_{F} 为涂层的法向结合强度，MPa；P 为试样拉断的载荷，N；S 为试样的涂层表面积，mm^2。

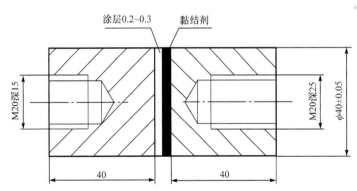

图 5.17　喷涂层结合强度试样加工图和试样黏结图(单位：mm)

4. 涂层孔隙率

涂层中存在孔隙和氧化物夹渣是热喷涂工艺不可避免的特征之一，其对涂层的性能影响很大[18]。试验中涂层孔隙率的测定采用定量金相法选取视场，然后利用 Ipwin4 图像分析软件定量分析视场内孔隙大小、分布并统计其百分比。根据图 5.18 计算的涂层孔隙率为 5.72%。

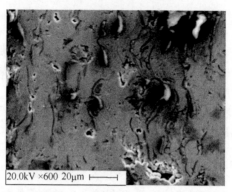

图 5.18　试验涂层的 SEM 图

　　形成孔隙的原因可能是[19]：①喷涂粒子被击打、扁平固化时会形成孔隙；②溶解于等离子射流中的气体在工艺过程中因溶解度降低而释放出小气泡形成气孔；③高温高速熔滴撞击基体时产生溅射形成孔隙，熔滴蒸汽冷凝时也会形成孔隙。这里由于 $Al_2O_3+40\%TiO_2$ 为陶瓷相，熔点很高，而且陶瓷较低的热导率也影响了等离子焰流与粉末之间进行充分热交换，即使采取较大的喷涂功率，陶瓷粉末也难以完全熔化。陶瓷液态流动性差，组织间浸润性差，凝固时自填充能力较差，因此形成了较多孔隙。但有润滑作用的摩擦磨损过程中，涂层中少量孔隙可以储存润滑油，在摩擦过程中存储于微孔中的润滑剂渗出摩擦表面，可以起到润滑和降低摩擦磨损的作用。

5.3.2　涂层的摩擦磨损性能

1. 摩擦系数

　　图 5.19 所示为 SUS304 不锈钢和 DC53 分别经淬回火和热喷涂处理后在拉深油润滑、不同载荷时的摩擦系数。其中图 5.19(a)、(b)、(c)分别为 200N、300N、400N 载荷时的摩擦系数变化。图 5.19(d)为配副材料热喷涂处理后、不同载荷的摩擦系数比较结果。

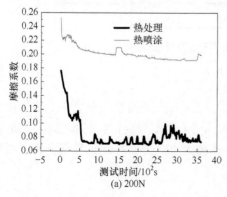

(a) 200N

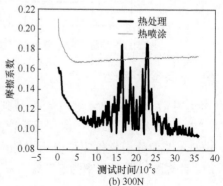

(b) 300N

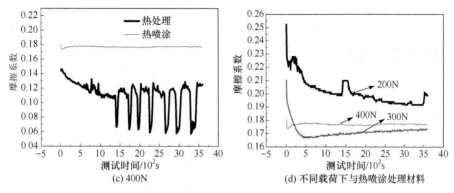

图 5.19　拉深油润滑条件下奥氏体不锈钢与其配副间的摩擦系数比较

在开始阶段，摩擦系数随试验进程逐渐减小，随后摩擦系数总体上进入一种动态平衡状态，随着试验的进行呈现出较为规则的波动特性，且随着载荷增加，波动率增大。其原因在于，在摩擦过程中，摩擦力在不锈钢表面作用产生局部应变并伴随应力累积，可诱发摩擦表面产生马氏体转变和表面硬化。具有较高硬度的马氏体相和原始奥氏体基体相比，与配副体间的黏着倾向小，可有效降低摩擦系数。但摩擦诱发产生的相变马氏体处于一种动态稳定状态，即摩擦诱发相变马氏体-磨损-基体裸露-摩擦诱发相变马氏体，导致摩擦系数呈现规律性波动[20]。当载荷较小时，表面马氏体相较难被磨掉，因此摩擦系数的波动率也相对较小。

比较图 5.19(a)、(b)、(c)可知，配副体为淬回火处理后的试样，其摩擦系数较低但波动较大，而热喷涂的摩擦系数则呈现出较小波动。这是由于热喷涂处理的试样表面粗糙度较大，$Al_2O_3+40\%TiO_2$ 陶瓷涂层有耐磨、耐黏着特性，但 $Al_2O_3+40\%TiO_2$ 热喷涂层较高的表面粗糙度和硬质颗粒使得摩擦过程中的犁削作用占据主导地位，因此摩擦系数较大，但涂层中大量孔隙具有的储油功能，改善了摩擦过程中的黏着磨损倾向，摩擦系数随试验进行相对比较平稳。

2. SEM 表面形貌分析

在不锈钢拉深油润滑下，不锈钢销试样的磨损形貌如图 5.20 所示。其中图 5.20(a)、(c)和(e)是与淬回火处理的 DC53 配副的不锈钢销的磨损表面 SEM图，图 5.20(b)、(d)和(f)是与等离子喷涂处理的 DC53 配副的不锈钢销磨损表面 SEM 图。

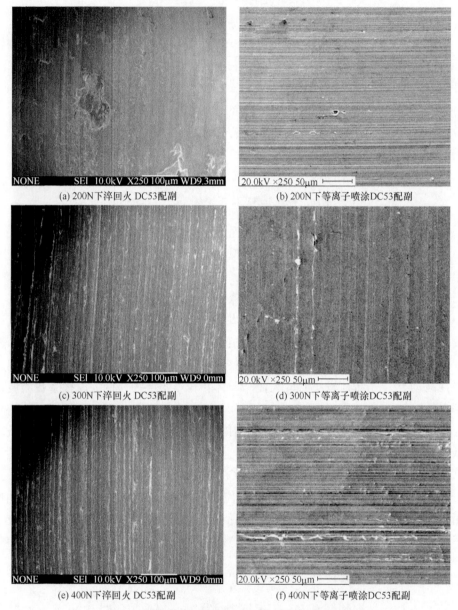

(a) 200N下淬回火 DC53配副

(b) 200N下等离子喷涂DC53配副

(c) 300N下淬回火 DC53配副

(d) 300N下等离子喷涂DC53配副

(e) 400N下淬回火 DC53配副

(f) 400N下等离子喷涂DC53配副

图 5.20 不锈钢拉深油润滑下不锈钢销试样的磨损形貌

由图 5.20 可知，随着载荷增加，配副体淬回火处理的不锈钢销试样磨损表面的黏着磨损和磨粒磨损痕迹都增加，说明其磨损机理主要是黏着磨损和磨粒磨损。不锈钢销试样与淬回火处理的 DC53 配副时，因奥氏体硬度低、黏着倾向大，奥氏体不锈钢销表面易与对偶黏着并可能在配副体表面形成黏结瘤而脱落形成磨屑。因其加工硬化而成为硬质颗粒和凸体,从而造成不锈钢销试样磨粒磨损加剧[21]。对于等离子喷涂处理的配副体,不锈钢销试样的磨损表面随载荷的增加黏着磨损痕迹缓慢增加,犁沟增加较明显,说明其磨损机理以磨粒磨损为主。在相同载荷下,与淬回火处理的 DC53 配副的销试样表面的黏着磨损痕迹与经等离子喷涂处理的 DC53 配副的销试样表面相比则更为严重。表明模具表面等离子喷涂陶瓷涂层可以降低不锈钢冲压成形过程中的黏着磨损,但会增大摩擦系数。

3. 三维表面形貌分析

图 5.21 为不锈钢采用拉深油润滑,滑动速度为 0.2m/s,载荷分别为 200N、300N 和 400N 时销试样磨损表面的三维形貌,其中图 5.21(a)、(c)的配副体经淬回火处理,图 5.21(b)、(d)的配副体经等离子喷涂处理。由图可见,载荷变化对不锈钢表面的磨损形貌影响不大。配副体淬回火处理和等离子喷涂处理情况下销磨损表面的磨痕均比较轻微,说明不锈钢销在和冷作模具钢配副摩擦时,较小载荷下的黏着倾向小,结合图 5.19 的摩擦系数随着试验条件的变化,说明拉深油对亚稳奥氏体不锈钢的摩擦具有良好的减摩效应,避免或减轻了不锈钢的黏着磨损倾向。

(a) 300N下与淬回火处理配副

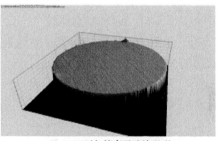

(b) 300N下与等离子喷涂配副

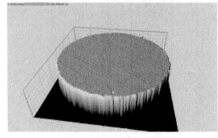

(c) 400N下与淬回火处理配副

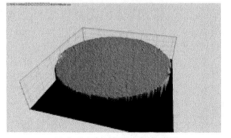

(d) 400N下与等离子喷涂配副

图 5.21　不锈钢拉深油润滑下不锈钢销试样磨损表面的三维形貌

4. 磨损表面 XRD 分析

图 5.22 为配副体经等离子喷涂处理、拉深油润滑,载荷分别为 200N、300N 和 400N 试验后不锈钢销磨损表面的 XRD 图。可见,随载荷增大,奥氏体衍射峰

强度不断减小甚至消失，马氏体衍射峰强度不断增加。说明随着载荷增大，不锈钢销试样磨损表面的相变马氏体量不断增加。

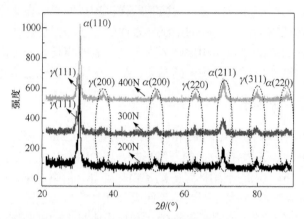

图 5.22　不同载荷下不锈钢销试样磨损表面的 XRD 分析

通过以上分析得到以下结论：

(1)等离子喷涂层的相组成为 Al_2O_3、TiO_2 和 Al_2TiO_5，涂层显微硬度为 707～900HV$_{0.02}$，涂层与基体结合强度为 14.2MPa，涂层孔隙率 5.72%。

(2)不锈钢销试样与经等离子喷涂处理的 DC53 配副的摩擦系数大于与经淬回火处理的 DC53 配副的摩擦系数。

(3)拉深油润滑下不锈钢销试样与淬回火处理的 DC53 配副的磨损机理主要是黏着磨损和磨粒磨损；与等离子喷涂处理的 DC53 配副的磨损机理主要以磨粒磨损为主，有少量黏着磨损。

(4)不锈钢销试样因摩擦诱发了奥氏体向马氏体的转变以及磨损-基体裸露-摩擦诱发产生马氏体的循环作用使得摩擦系数呈急剧降低和小范围动态平衡的趋势。

5.4　表面渗氮层改性

渗氮是把钢件置入含有活性氮原子的气氛中，加热到一定温度(一般 A_{c1} 以下)，保温一定时间，使氮原子渗入工件表面的化学热处理工艺。渗氮的目的是提高工件表面硬度、耐磨性、疲劳强度和耐腐蚀性能。渗氮往往是工件加工工艺路线的最后一道工序，渗氮后的工件至多再进行精磨或研磨。渗氮温度一般不超过调质处理的回火温度，通常为 500～570℃。渗氮处理温度低，变形小。渗氮的缺点主要是周期长(一般气体渗氮时间长达数十小时到几百小时)、生产率低、成本较高、渗氮层较薄(一般不大于 0.5mm，随着钢中合金成分增加，渗氮层深度降低)、脆性大，不宜承受太大的接触应力和高的冲击载荷。

常用的渗氮方法有气体渗氮、离子渗氮、真空渗氮、盐浴渗氮或氮碳共渗等。本节采用的是离子渗氮处理工艺，所以主要介绍离子渗氮工艺。

离子渗氮又称辉光离子渗氮，是把金属工件作为阴极放入通有含氮介质的负压容器中，通电后介质中的氮氢原子被电离，在阴阳极间形成等离子区。在等离子区强电场作用下，氮和氢的正离子高速向工件表面轰击，高动能转变为热能，加热工件表面至所需温度，同时获得电子，变成氮原子被工件表面吸收并向内扩散形成氮化层。大量研究表明，氮化层还有一定的抗黏着磨损能力，可有效提高模具耐磨性和疲劳强度。

离子渗氮具有如下特点：①渗氮过程较快，仅相当于气体渗氮周期的 1/3～1/2；②渗氮温度低，可在 300～580℃下进行，工件变形小[22]；③由于渗氮气氛稀薄，过程可控，渗层脆性小；④局部防渗简单易行，采取机械屏蔽即可；⑤经济性好，热利用率高，省电，省氨等。

本节摩擦试验使用 H13 热作模具钢作为上试样(销)进行渗氮处理，采用 Al-Si 镀层板(Usibor1500)和裸板(BR1500HS)对照组作为下试样(盘)。采用的离子渗氮处理工艺为：氨气流量 600mL/min，渗氮时炉内压力控制在 480Pa 左右，加热到 550℃保温 12h 后随炉冷却。

高温摩擦磨损试验在 MMQ-02G 高温摩擦磨损试验机(图 5.23)上进行，图 5.23(a)是摩擦试验机的总体装置，图 5.23(b)是摩擦试验机的主体，包括高温腔以及销夹具和盘的固定装置。试验过程中，摩擦系数与温度由摩擦试验机内部传感器在线测量。

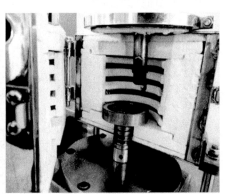

(a)摩擦试验机总体装置　　　　　　　　　　(b)摩擦试验机主体

图 5.23　MMQ-02G 高温摩擦磨损试验机

摩擦试验采用销-盘摩擦副的接触形式,销的接触面加工为球面,这是由于热冲压过程中摩擦往往发生在模具与板料接触的圆角处,为了更好地模拟生产中的摩擦现象,在此将接触面加工为球面。图 5.24 为试验用销/盘的示意图,板尺寸 30mm×30mm。

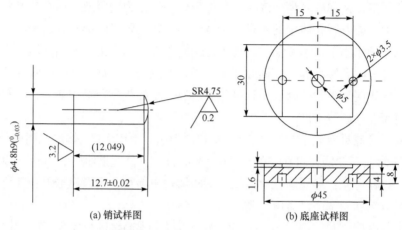

(a) 销试样图　　　　　　　　　　(b) 底座试样图

图 5.24　销/盘示意图(单位: mm)

5.4.1　渗氮层表征

1. 渗氮层厚度与硬度

图 5.25 为 H13 钢渗氮层的金相照片。可以看出,渗层深度比较均匀,总厚度约 140μm,表面可见断续化合物层。图 5.26 是沿深度方向渗氮层的显微硬度分布曲线。结合图 5.25 可以看出,渗氮层表面硬度约为 $1150HV_{0.2}$,硬度梯度变化平缓,未出现明显的硬度突变,说明渗层与基体结合良好,不易在外力作用下与基体剥离。

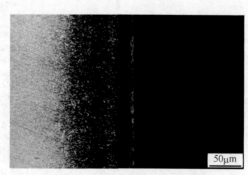

图 5.25　渗氮层横截面金相照片

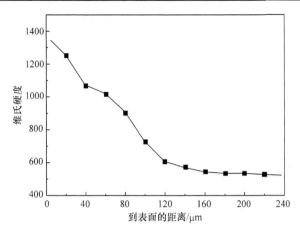

图 5.26　渗氮层从表面到心部的硬度曲线

2. 渗氮层物相分析

图 5.27 为渗氮层的 XRD 分析结果。可以看出，化合物层是由大量 Fe_3N 和 $Fe_{2-4}N$ 构成的复相组织。复相组织形成原因在于氮化初期，氨分子进入铁表面原子引力场内在铁的表面形成化学吸附，这种吸附削弱了氨分子中的 N—H 键，活性氮原子脱开氢原子并与 Fe 形成面心立方结构的化合物 Fe_4N，它的氮含量变化范围较小，氮在 Fe_4N 中的溶解度也较小，因此随着氮含量增加，Fe_4N 部分转变为可以溶解更多氮的化合物 Fe_3N 和 Fe_2N。

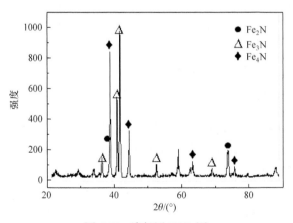

图 5.27　渗氮层 XRD 图

5.4.2　渗氮层摩擦磨损性能

1. 摩擦系数

实际热冲压过程中，由于转移步骤，冲压时板料温度在 800℃ 左右[23]，为了模拟实际热冲压温度变化，选择 800℃作为摩擦温度。图 5.28 是淬回火和渗氮处理的销与镀层板配副、在温度 800℃和载荷 10N、摩擦时间 2000s 条件下，摩擦系数随时间的变化曲线。可以发现，两对摩擦副的摩擦过程都经历了跑和稳定两个阶段。这是因为摩擦副克服摩擦需要较大切向力，随着试样表面逐渐被磨平，摩擦系数不断下降并趋于一定值。另外，两对摩擦副的摩擦系数皆经历了明显上升与下降阶段。这可能归因于摩擦过程中接触表面间黏滞点的形成，从而导致摩擦系数增大，但随着滑动进行，发生了黏滞点剪切断裂以及被磨平，摩擦系数逐渐下降，并趋于稳定。从图 5.28 可以看出，原始态和渗氮处理的对摩销的摩擦系数均在 700s 左右进入稳定阶段，并且跑和阶段的摩擦系数只有一次较明显波动。渗氮处理的对摩销无论在跑和阶段还是稳定阶段，相比于原始态的摩擦系数均有明显减小，这是由于 Fe_4N 化合物具有一定的抗黏着磨损效果，有效降低了摩擦系数。

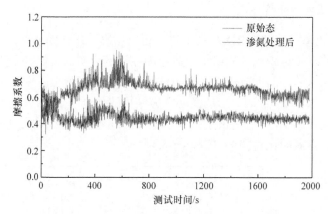

图 5.28　不同模具表面处理后摩擦系数随时间的变化

2. 磨损表面分析

图 5.29 是不同处理的销和 Al-Si 镀层板的磨损表面形貌。其中图 5.29(a)是与淬回火销摩擦 300s 后的镀层板磨损表面形貌，图 5.29(b)是与淬回火销摩擦 2000s 后的 镀层板磨损表面形貌。

可见，经过长时摩擦磨损试验后镀层表面出现严重开裂和剥层以及舌状翘曲，这与摩擦时间仅为 300s 的磨损表面形貌有较大差别。这主要是由于在摩擦前期形成了大量黏滞点，随着摩擦持续进行，在摩擦力反复作用下，表面黏滞点被剪切断裂，镀层板表面发生了严重塑性剪切变形，并在载荷重复作用下累积形成了一定塞积，在表层薄弱处引发了疲劳裂纹[24,25]。随着滑动进一步进行，裂纹沿平行于表面的方向扩展，最后折向表面，使得表面开裂并形成浅坑，同时表面材料受到切向力拉曳而高出表面，产生翘曲，并出现层状剥离。这说明整个摩擦过程中虽然前期主要以黏着磨损为主，但随着滑动的持续进行，之后产生了疲劳磨损现象，此时主要的磨损机理为剥层磨损。

 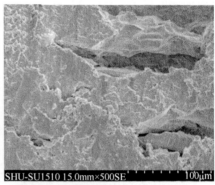

(a) 与淬回火销摩擦后的镀层表面形貌(300s)　　　　(b) 与淬回火销摩擦后的镀层表面形貌(2000s)

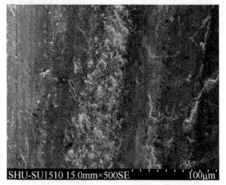

(c) 与渗氮处理的销摩擦后的镀层表面形貌(2000s)

图 5.29　Al-Si 镀层板磨损表面 SEM 照片

图 5.29(c)是与渗氮处理的对摩销配副的镀层板表面的磨损形貌，表面比较光滑，有较浅的犁沟形成，可观察到有轻微开裂和较薄的片状剥层，说明此时尽管有剥层磨损的趋势，但犁沟效应起主导作用，主要的磨损机理为磨粒磨损。国外也有人发现了类似的现象[26]，称这是在渗氮层与镀层板摩擦过程中镀层板表面形成了一层釉层，有效缓解了黏着效应的缘故。经过分析，这可能是由于渗氮层具有较高的强度和硬度，在剪切应力作用下，主要引起接点破坏，渗氮金属不易产生严重变形、大面积黏着和撕裂；而且渗氮后化合物层中的 ε、γ' 相及扩散层中含氮固溶体具有非金属特性，降低了与配对金属咬合的结合力，减轻了黏着磨损的发生和发展。

对板磨损表面采用白光干涉仪分析得到了磨损表面轮廓，图 5.30 是与不同处理的销对摩后镀层板的磨损表面轮廓以及最大磨痕深度对比。其中图 5.30(a)为与淬回火销配副时镀层板的磨损表面轮廓，可看到由于疲劳磨损的发生，板的磨损比较严重，磨痕较深。图 5.30(b)是与渗氮处理态销配副后板的磨损表面轮廓，可看到表面处理后的销对应的镀层板表面的磨损程度有效减轻，磨痕较浅，与渗氮处理销对磨的最大深度为 24μm 左右，这两种情况下 Al-Si 镀层尚未被磨穿，这可能是表面处理后减缓了疲劳磨损的发生和发展的缘故。

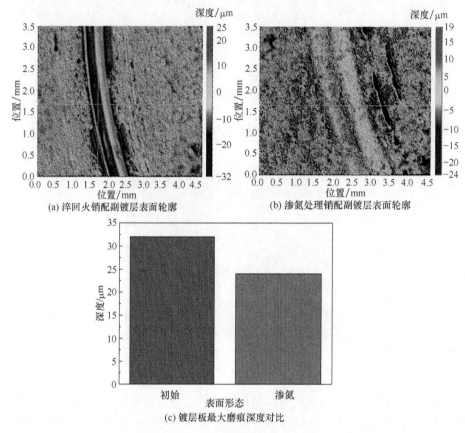

(a) 淬回火销配副镀层表面轮廓　　　　　　　(b) 渗氮处理销配副镀层表面轮廓

(c) 镀层板最大磨痕深度对比

图 5.30　Al-Si 镀层板磨损表面轮廓

图 5.31 显示的是销在超景深显微镜下的磨损表面形貌，图 5.31(a)和(b)分别是淬回火和渗氮处理后销的表面形貌图。发现未经表面处理的销的磨损区域最大，经测量其磨损区直径约为 3000μm；渗氮处理的磨损区直径约为 1750μm。说明表面处理可有效缓解销表面的磨损。渗氮处理后不仅磨损区明显变窄，而且磨痕损伤程度也明显降低，这些现象可以归功于销表面渗氮层的作用。渗氮层化合物层是由大量 Fe_3N 和 Fe_4N 相组成的复相组织，其中 Fe_4N 外形为蝶形，由左右两薄片相连而成，每片又由层错方向不同的两个变体组成，存在大量层错和孪晶亚结构，层与层之间有范德瓦耳斯键结合，类似石墨的结构，当受到力作用的时候层

间易被剪切极易发生滑移从而起到一定的减摩效果[27-29]，而且 Fe_4N 本身硬度很高且特别致密，可有效抵抗疲劳磨损；另外，Fe_3N 具有稳定的化学性能而不易被氧化或腐蚀[30,31]，可以减轻由高温接触产生的材料损失，同时 Fe_3N 在金属表面附着力强，化合物层在金属表面不易破裂，也使得摩擦过程中磨损情况有所缓解。

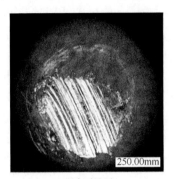 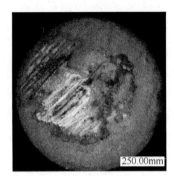

(a) 未表面处理   (b) 渗氮处理后

图 5.31 销磨损表面形貌

本节主要对比研究了渗氮和淬回火处理的 H13 钢与镀层板配对时的高温摩擦磨损行为。在分析涂覆层厚度、硬度和组成相的基础上，研究了在模拟热冲压温度变化下，模具表面改性对高温摩擦磨损行为的影响，得到以下主要结论：

(1) H13 钢表面渗氮层是由 Fe_3N 和 Fe_4N 构成的复相组织，厚度约 $140\mu m$，表面硬度约 $1150HV_{0.2}$。

(2) 相比于淬回火处理的销，渗氮处理的销有效降低了摩擦系数，减轻了黏着效应，同时缓解了疲劳磨损的发生与发展，镀层板与模具钢表面磨损程度也相应减小，主要的磨损机理为磨粒磨损。

5.5 表面 PVD 涂层改性

气相沉积技术自问世以来得到迅速发展，各种新的气相沉积技术层出不穷，在切削刀具、模具和耐磨零件上得到广泛应用，可有效提高产品表面硬度，改善其耐磨性和高温稳定性，大幅度提高涂层产品使用寿命。气相沉积技术按机理可分为 PVD 和 CVD 两种。PVD 是一种物理气相反应生长法，是利用某种物理过程，在低气压或真空等离子体放电条件下，发生物质的热蒸发或受到粒子轰击时物质表面原子的溅射等现象，实现物质原子从物质源在基材表面生长形成与基材性能明显不同薄膜的人为特定目的物质转移过程。物理气相沉积过程可概括为三个阶段：从源材料中发射出粒子；粒子运动到基材；粒子在基材上积聚、形核、长大、成膜。由粒子发射的方式不同，PVD 技术可以分为真空蒸发沉积、溅射沉积、离子沉积、外延沉积等。

目前,应用于减摩耐磨领域的 PVD 技术主要集中在以过渡族元素为基的碳化物、氮化物或氧化物以及其多元化合物的沉积和制备。因为它们硬度高、耐磨性好、化学性能稳定、耐热和耐氧化等优点而得到广泛关注。其中以 Ti 和 Cr 两种金属元素为基础开发的涂层种类最多,应用最广,构成了 PVD 过渡族元素化合物中最大的两大涂层体系,即 Ti 基和 Cr 基涂层体系。其中,二元涂层 CrN 具有韧性高、耐磨性好、膜/基结合强度高、抗高温氧化性和抗腐蚀性好,以及内应力小(膜层可以做到厚达 50μm)等优点,近年来成为研究热点,并已在切削刀具尤其是有色金属切削刀具、模具、汽车、餐具、防腐和装饰等领域得到很好应用。

尽管 CrN 涂层具有良好综合性能并已在各个领域广泛应用,但其较低的硬度和抗磨粒磨损能力使得其在使用过程中容易过早失效而无法满足某些应用场合,如高碳钢的机械加工等。随着磁控溅射技术的发展,硬质涂层已从传统的二元向三元、四元多相多层结构转变,如在高速钢减摩等领域获得广泛应用的 TiAlN 及 CrAlN 涂层,力学性能和减摩性能与 CrN、TiN 涂层相比有显著改善[32,33]。为进一步提高 CrN 涂层的这些性能,采用多元技术添加某种元素,CrN 涂层添加的元素有 Al、Cu、Nb、Ti、Ta、W 等,其中 CrTiAlN 涂层是以 CrN 为基通过添加 Ti 和 Al 元素构成的多元复合涂层。英国 TEER 公司研制的 CrTiAlN 涂层因具有上述优异性能及优良切削性能,已成功应用于钻头的大批量生产,如工具钢钻头润滑条件下的使用寿命比一般 TiN 涂层高 2 倍[34,35]。

本节主要通过在 DC53 冷作模具钢表面沉积 CrN 和 CrTiAlN 涂层,分析了在涂层厚度、硬度和相成分基础上,研究模具表面沉积层与 DP780 高强钢板在耦合变形的摩擦条件下的摩擦磨损性能。

5.5.1　CrN、CrTiAlN 涂层表征

1. CrN、CrTiAlN 涂层厚度与硬度

通过非平衡磁控溅射法分别在模具表面沉积 CrN 和 CrTiAlN 涂层。镀层前,淬回火 DC53 基体用丙酮清洗、热风吹干后固定在旋转支架上。CrTiAlN 镀层条件如下:选用纯度为 99.998%的 Ar 和 N_2,纯度 99.99%的两个 Cr 靶、Ti 和 Al 靶(图 5.32)。镀层过程中,Ar 为溅射气体,并且保持 15sccm 流量;N_2 为反应气体,通过监测 Cr 光谱强度变化,继而用压电阀动态控制 N_2 的流量,本底真空度 2×10^{-5}torr(1torr=133.3Pa),工作气压 1.2×10^{-3}torr,Cr 靶电流 5A,Ti 和 Al 靶电流均为 6A,基体偏压-65V,支架旋转速度 4r/min,整个溅射过程持续时间约为 100min,炉腔内温度不超过 300℃。CrN 镀层的制备条件与 CrTiAlN 镀层相同,但靶材只有两个 Cr 靶,其他条件和参数保持一致。

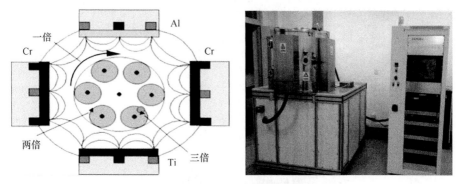

图 5.32　四靶闭合场非平衡磁控溅射示意图

图 5.33 和图 5.34 分别为 CrN 涂层和 CrTiAlN 涂层的金相照片。由图可以看出两种涂层都与基体结合良好，具有较好的连续性和致密性。其中 CrN 涂层厚度约为 3.44μm，CrTiAlN 涂层厚度约为 2.96μm，其显微硬度分别为 1600HV$_{0.1}$ 和 1850HV$_{0.1}$。

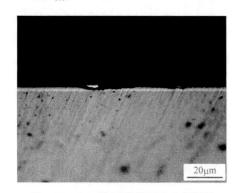
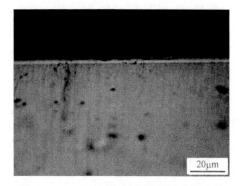

图 5.33　CrN 涂层横截面的金相图片　　　图 5.34　CrTiAlN 涂层横截面的金相图片

2. CrN、CrTiAlN 涂层物相分析

图 5.35 为 CrN 涂层的 XRD 分析结果。由图可以看出，CrN 涂层是由单一 CrN 相构成的组织。获得单一相的原因在于非平衡磁控溅射镀膜时严格控制 N$_2$ 流量。根据石永敬等的研究，常温下随着反应气体中 N$_2$ 含量增加，CrN 涂层相结构逐渐由 Cr+Cr$_2$N 转变为 CrN 相[36]。CrN 具有低的摩擦系数，高的表面硬度，高的韧性以及良好的耐腐蚀性能。同时，CrN 具有面心立方晶体结构，为间隙相结构，在 CrN 涂层中间隙原子 N 可以在一定范围内变化。当吸附到表面的 N 原子很少时，N 原子固溶在体心结构的 Cr 间隙中，形成缺位固溶体。实际上溅射原子在基底表面的分布是不均匀的，因此低 N 的 CrN 涂层中在某些区域也会形成 CrN 相，所以运用非平衡磁控溅射法镀 CrN 涂层与得到的涂层相成分与工艺参数有关。

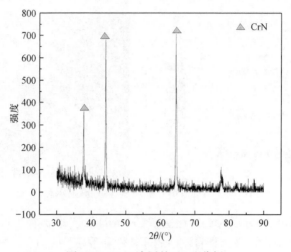

图 5.35　CrN 涂层的 XRD 分析

　　图 5.36 为 CrTiAlN 涂层的 XRD 分析结果。可以看到，CrTiAlN 涂层仍以 CrN 相为基础，不同的是加入了 Ti 元素和 Al 元素，Ti 和 Al 均以置换固溶方式取代 Cr 原子，产生固溶强化，形成了不同于单纯 CrN 的结构，表现出更佳的力学性能和耐氧化性能，使得 CrTiAlN 涂层的强度和硬度高于 CrN 涂层，同时这种复合涂层的耐磨性也比 CrN 有一定程度的提高。

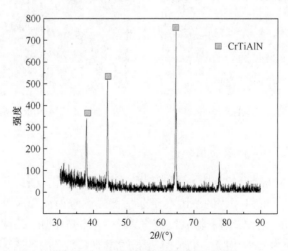

图 5.36　CrTiAlN 涂层的 XRD 结果

5.5.2　CrN、CrTiAlN 涂层的摩擦磨损性能

　　对淬回火处理的压头和淬回火+磁控溅射沉积处理的压头与 DP780 热镀锌钢板耦合变形摩擦试验条件进行了对比研究，分析了摩擦系数及粗糙度变化，并结

合表面形貌分析揭示表面改性层对摩擦磨损性能的影响。试验参数为名义载荷 90N、压下量 40mm、板材变形量 7%、边界润滑。为保证准确的润滑用油量，用定量针筒将润滑油按照 $50\sim60g/m^2$ 的边界润滑用油标准均匀涂覆在模具和板材表面。

1. 摩擦系数及粗糙度变化值

图 5.37 和图 5.38 分别给出了 CrN 和 CrTiAlN 涂层压头与 DP780 热镀锌钢板耦合变形摩擦试验中摩擦系数的变化。图 5.37 是 CrN 涂层在不同滑动距离时的摩擦系数，其中滑动距离分别为 160mm(第 1 根试样)、2400mm、4640mm、7200mm、9120mm。可以看出，CrN 涂层在试验过程中的摩擦系数随滑动距离的增大，总体趋势是逐渐升高的。在 2400mm 之前平均摩擦系数增大不明显，在滑动距离达到 9120mm 时平均摩擦系数约 0.4。图 5.38 是 CrTiAlN 涂层压头在试验

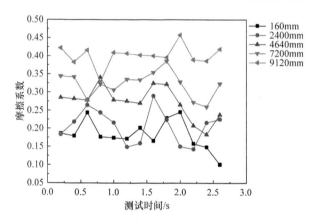

图 5.37 CrN 涂层模具耦合摩擦试验中摩擦系数的变化

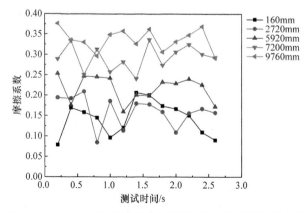

图 5.38　CrTiAlN 涂层模具耦合摩擦试验中摩擦系数的变化

过程中不同滑动距离的摩擦系数变化,其中滑动距离分别为 160mm(第 1 根试样)、2720mm、5920mm、7200mm、9760mm。可以看出,CrTiAlN 涂层的摩擦系数随滑动距离增大同步增大,但是增长幅度较小,在滑动距离为 9760mm 时平均摩擦系数约为 0.36,略低于 CrN 涂层的摩擦系数。可见 CrN 涂覆的 DC53 压头的平均摩擦系数与 CrTiAlN 涂覆的 DC53 压头的平均摩擦系数都小于淬回火压头的摩擦系数。

　　图 5.39 给出了淬回火、CrN 和 CrTiAlN 涂覆的压头与板材配副摩擦时板材的表面粗糙度变化。为了比较不同表面改性层的摩擦磨损性能,将 5.2 节中的 TD 处理和 5.4 节的渗氮的摩擦试验结果一并列入其中。

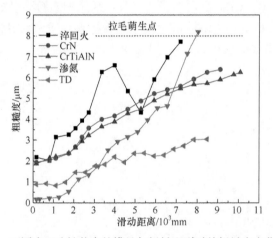

图 5.39　不同表面改性状态的模具与板材配副时的粗糙度变化值对比

　　由图可以看出,与淬回火压头配副时,板材的 ΔRy 变化趋势表现为三个阶段,先增后减,然后再增大,在滑动距离为 5280mm 时出现跳跃性增长。与 PVD 处理的压头配副时板材的 ΔRy 随滑动距离的增大而增大且增长平缓,约 2000mm 之前的粗糙度增大比较缓慢,随后增大幅度略有提高。与淬回火压头配副的板材在滑动距离为 7200mm 时粗糙度变化值 ΔRy 达到最大,超过了 8μm。而与两种 PVD 处理的 CrN 和 CrTiAlN 涂层模具配副的板材在滑动距离超过 9120mm 时,ΔRy 仍只达到 6μm 左右,未达到拉毛萌生的临界值。王凯[35]等的研究中,与渗氮处理的模具配副时板材的 ΔRy 随滑动距离的增大而增大,在滑动距离为 7520mm 时,ΔRy 呈现较大的增长,此时 ΔRy 约为 7μm,随着滑动的继续,在滑动距离为 8040mm 时 ΔRy 可以达到约 8μm。试验中与 TD 处理的模具配副时板材的 ΔRy 随滑动距离的增大缓慢增加,增加的幅度非常小,试验结束时 ΔRy 只达到 3μm 左右。综合比较与各种状态模具配副时板材的 ΔRy 以及达到临界值时的滑动距离发现,随着滑动距离的增大,与淬回火压头配副时板材的 ΔRy 总体上是最大的,且滑动距离最短；与渗氮处理配副时板材的 ΔRy 及滑动距离次之，与 PVD 处理的两种涂层配副时再次之，且试验结束时未达到 ΔRy 的临界值，与 TD 处理配副时板材的 ΔRy 最小，且增长最缓慢。

2. 不同处理态压头的摩擦磨损性能对比

图 5.40 为淬回火、CrN 涂覆和 CrTiAlN 涂覆的三种压头在耦合变形的摩擦试验后的表面形貌，为了对比分析，引入渗氮和 TD 处理压头试验后的表面形貌。

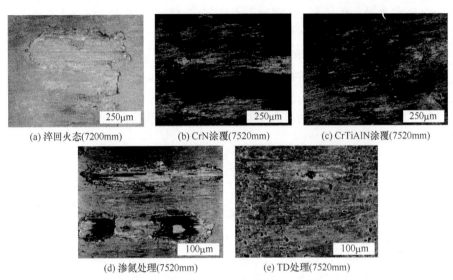

(a) 淬回火态(7200mm) (b) CrN涂覆(7520mm) (c) CrTiAlN涂覆(7520mm)

(d) 渗氮处理(7520mm) (e) TD处理(7520mm)

图 5.40 不同处理状态模具的表面形貌对比

图 5.40(a)是滑动距离为 7200mm 时淬回火的压头发生拉毛时的表面形貌，图 5.40(b)、(c)、(d)、(e)分别是滑动距离为 7520mm 时 CrN 层、CrTiAlN 层、渗氮层和 TD 层的表面形貌。比较发现，淬回火的压头在相同条件下拉毛萌生时的滑动距离最短，也就说明表面改性在一定程度上可以提升抗拉毛性能。

图 5.40(b)和(c)比较发现，在滑动距离为 7520mm 时，PVD 处理的两种涂层表面状态优于渗氮处理，但比 TD 处理的表面质量差。在此阶段，CrN 和 CrTiAlN 层表面并未出现块状黏结瘤，但可见镀锌钢板表面的锌转移至压头表面。镀锌层受拉伸变形和摩擦力的双重作用会以片状脱离母体并在滑动表面受到压头的挤压而粉化，并向压头表面黏附，在其表面形成一层锌层。这层锌层与压头表面结合力很低，很容易在后续的滑动摩擦过程中从压头表面脱落。这应归因于 CrN 相的高硬度和抗黏着性能，使得从板材表面脱落的锌层很难黏附在压头表面，在反复的摩擦挤压中难以造成锌在压头表面的黏附和堆积，因而在较长的滑动距离后，仍未观察到明显拉毛，仅可见模具表面覆盖的一层薄薄锌层。

通过以上分析得出：

(1) CrN 覆层是由单一 CrN 相构成的，厚度约 3.44μm，表面硬度约 1600HV$_{0.1}$；CrTiAlN 涂层是由 Ti 和 Al 原子置换 Cr 原子产生固溶强化的复相组织，厚度约 2.96μm，表面硬度约 1850HV$_{0.1}$。两种涂层均有好的致密性和连续性。

(2) 在耦合变形的摩擦试验条件下，CrN 和 CrTiAlN 涂覆的压头与 DP780 热镀锌钢板配副的平均摩擦系数都小于淬回火压头的平均摩擦系数，CrTiAlN 的平均摩擦系数略小于 CrN 的平均摩擦系数。

(3) 随着滑动距离增大，与淬回火压头配副时，板材的表面粗糙度变化值 ΔRy 总体最大，与 CrN 和 CrTiAlN 涂覆的压头配副的 ΔRy 呈相同变化趋势，增长缓慢，且在滑动距离超过 9000mm 时，板材表面粗糙度变化值仅为 6μm。

综合比较各种表面处理的压头的抗拉毛性能可以认为，PVD 处理与 TD 处理可有效改善模具的抗拉毛性能，但实际冲压模具的表面处理技术的选择还需进一步考虑包括处理条件和模具材料以及其服役过程中应力状态等在内的各项因素。

参 考 文 献

[1] 郑先坤, 王武荣, 韦习成. 摩擦耦合塑性变形下热镀锌先进高强钢板拉毛行为研究[J]. 上海交通大学学报, 2015, 51(4): 432-437.

[2] 王武荣, 韦习成, 王凯, 等. 薄板冲压成形中的模具拉毛损伤定量测试方法[P]: 中国, 2014108273736.2014.

[3] Wang W R, Zheng X K, Hua M, et al. Influence of surface modification on galling resistance of DC53 tool steel against galvanized advanced high strength steel sheet [J]. Wear, 2016, 360: 1-13.

[4] Xue Z Y, Zhou S, Wei X C. Pre-transformed martensite influence on work-hardening behavior of SUS304 meta-stable austenitic stainless steel[J]. Journal of Iron and Steel Research, International, 2010, 17(3): 51-55.

[5] Zhou L H, Gao K X, Zheng X K, et al. Developing of galling during the forming and its improvement by physical vapour depositing[J]. Surface Engineering, 2018, 34(7): 493-503.

[6] Guo M X, Gao K X, Wang W R, et al. Microstructural evolution of Al-Si coating and high temperature tribological behaviors of Al-Si coated UHSS against H13 steel[J]. Journal of Iron and Steel Research. 2017, 24(10): 1048-1058.

[7] 陈树旺, 程焕武, 陈卫东. 渗硼技术的研究应用发展[J]. 国外金属热处理, 2008, 24(4): 8-12.

[8] 郦振声, 杨明安. 现代表面工程技术[M]. 北京: 机械工业出版社, 2007.

[9] 郝少祥. 固体渗硼的实践与应用[J]. 中原工学院学报, 2004, 15(5): 28-30.

[10] 郑立允, 赵立新, 张京军, 等. TiN/TiAlN 涂层金属陶瓷的摩擦学性能研究[J]. 稀有金属材料与工程, 2007, 36(3): 492-495.

[11] 林高用, 张蓉, 张振峰, 等. 变形速度对 304 奥氏体不锈钢室温拉伸性能的影响[J]. 湘潭大学自然科学学报, 2005, 27(3): 91-94.

[12] Zandrahimi M, Reza Bateni M, Poladi A, et al. The formation of martensite during wear of AISI 304 stainless steel[J]. Wear, 2007, 263: 674-678.

[13] Tavares S S M, Gunderov D, Stolyarov V, et al. Phase transformation induced by serve plastic deformation in the AISI 304L stainless steel[J]. Materials Science and Engineering A, 2003, 358(1): 32-36.

[14] 曹彪, 白振江, 魏阿梅. 汽车覆盖件的拉深凸模与凹模表面处理探讨[J]. 模具工业, 2014, 40(3): 67-70.

[15] 李国英. 表面工程手册[M]. 北京: 机械工业出版社, 1998.

[16] Zhu Y C, Ding C X. Plasma spraying of porous nanostrueture TiO_2 film[J]. Nanostruetured and Materials, 1999, 11(3): 319-323.

[17] 国家质量技术监督局. GB/T 8642—2002 热喷涂 抗拉结合强度的测定[S]. 北京：中国标准出版社，2002.

[18] 赵力东, Erich L, 李新. 热喷涂技术的新发展[J]. 中国表面工程, 2002, 3: 5-8.

[19] 杨洪伟, 栾伟玲, 涂善东. 等离子喷涂技术的新进展[J]. 表面技术, 2005, 34(6): 7-10.

[20] 李晓春. SUS303 奥氏体不锈钢的摩擦学性能及摩擦诱发相变的行为[D]. 上海: 上海大学, 2007.

[21] Gadelmawla E S, Koura M M, Maksoud T M A, et al. Roughness parameters[J]. Journal of Materials Processing Technology, 2002, 123(1): 133-145.

[22] 阎洪. 金属表面处理新技术[M]. 北京: 冶金工业出版社, 1996.

[23] Suh N P. The delamination theory of wear[J]. Wear, 1973, 25(1): 111-124.

[24] Suh N P. An overview of the delamination theory of wear[J]. Wear, 1977, 44(1): 1-16.

[25] Pelcastre L, Hardell J. Prakash B. Galling mechanisms during interaction of tool steel and Al-Si coated ultra-high strength steel at elevated temperature[J]. Tribology International, 2013, 63: 263-271.

[26] Kielbasa K, Arabczyk W. Studies of the ammonia decomposition over a mixture of α-Fe (N) and γ'-Fe$_4$N[J]. Polish Journal of Chemical Technology, 2013, 15(1): 97-101.

[27] Xiang H, Shi F Y, Rzchowski M S, et al. Reactive sputtering of (Co, Fe) nitride thin films on TiN-bufferd Si[J]. Applied Physics A, 2013, 110(2): 487-492.

[28] 王家玮. 高性能渗氮轴承钢微观组织和磨损性能研究[D]. 西安: 西安建筑科技大学, 2013.

[29] Zhang R, Xie Z, Liu B, et al. Growth method of Fe$_3$N material[P]: US, 8420407, 2013.

[30] 于玉城, 王振玲, 王振廷. 35CrMo 钢罐装法多段渗氮渗层组织与耐蚀性能[J]. 黑龙江科技学院学报, 2013, 23(1): 43-46.

[31] Kim G, Lee S Y, Hahn J H. Properties of TiAlN coatings synthesized by closed-field unbalanced magnetron sputtering[J]. Surface and Coatings Technology, 2005, 193(1): 213-218.

[32] Lin J, Mishra B, Moore J J, et al. Effects of the substrate to chamber wall distance on the structure and properties of CrAlN films deposited by pulsed-closed field unbalanced magnetron sputtering (P-CFUBMS)[J]. Surface and Coatings Technology, 2007, 201(16): 6960-6969.

[33] 石永敬, 龙思远, 方亮, 等. 反应磁控溅射沉积工艺对 Cr-N 涂层微观结构的影响[J]. 中国有色金属学报, 2008, 18(2): 260-265.

[34] Argyrios G, Gonzalo G F, Eluxka A, et al. Characterisation of cathodic arc evaporated CrTiAlN coatings: Tribological response at room temperature and at 400℃[J]. Materials Chemistry and Physics, 2017, 190: 194-201.

[35] 王凯. 耦合变形的滑动摩擦条件下 600MPa 级先进高强钢板的拉毛损伤行为研究[D]. 上海: 上海大学, 2015.

[36] 莫继良. 物理气相沉积(PVD)涂层的摩擦学行为研究[D]. 成都: 西南交通大学, 2008.

第6章 基于变摩擦系数模型的回弹研究

回弹是在板材冷成形过程中，当外加载荷卸除后，由于变形区材料弹性恢复，成形件的形状和尺寸发生的与加载变形方向相反变化的一种现象。成形件的回弹现象会使工件表面质量和尺寸精度受到很大影响，是冷成形行业亟待解决的科学技术问题。

目前板料的回弹通常认为是以下两个因素导致的：①在板料冷成形过程中，板料内外缘表层进入塑性状态而板料中心仍处在弹性状态，去除外载后板料便会产生弹性回复；②在金属塑性成形过程中总是伴有弹性变形，所以当板料弯曲时，即使内外层全部进入塑性状态，当去除外力时，也会出现回弹。

板料冲压过程中的技术难点是制定冲压工艺和设计模具。而准确地预测冲压件回弹量是进行模具设计和控制、补偿回弹量的前提条件。因此，提高板料回弹预测精度以及优化工艺参数控制回弹的研究对于降低冲压件的制造成本、缩短新产品的开发周期具有重要的现实意义。

6.1　影响成形件回弹的因素

板料的回弹与其冲压过程中的工艺参数有密切关系。在成形过程中，对回弹产生影响的工艺参数主要有压边力、凸模圆角半径、摩擦系数和凸凹模间隙等工艺因素。为使试验点在试验范围内达到均衡分散的效果，用较少的试验次数完成复杂因素、水平之间的最优组合，本章采用正交试验设计方法，分析工艺参数对U形件冲压回弹的影响规律。

6.1.1　正交试验方案设计

正交试验设计法(简称正交法)是统计数学的重要分支，它是以概率论、数理统计、专业技术知识和实践经验为基础，充分利用标准化的正交表来设计试验方案，并对试验结果进行计算分析，达到减少试验次数和缩短试验周期，迅速找到优化方案的一种科学计算方法[1]。

与传统的控制变量法相比，正交试验设计非常适用于多因素多水平的试验，其最大优点就是试验次数少。如果按照传统的单因素轮换安排试验，每个水平都要与其他因素的水平进行试验，以本章的五因素三水平为例，根据排列组合原理

需要进行 $3^5=243$ 次试验，而采用正交法只需 18 组试验，大大节省人力、物力、财力和时间。

当因素个数小于等于两个时，正交试验会退化为全面因子试验。对于正交试验获得的结果，通常有两种分析方法：一种是直观分析法，即极差分析；另一种是方差分析法，即显著性分析。通过对正交试验结果的极差分析和显著性分析，能够明确影响试验指标各因素的主次顺序，筛选出对优化目标影响显著的设计因素，即了解哪些因素重要，哪些因素次要。这样可以减少建立近似模型时的变量，提高建立近似模型的效率。目前，正交法的优点被各行业所接受，已成为通用的多因子试验设计的主要方法。

正交试验设计的步骤为：明确试验目的，确定考查指标；确定因素、选取水平、制定因素水平表；选用合适的正交表进行表头设计；确定试验方案，正交试验，记录试验结果；计算分析试验结果，选取优化方案；验证试验，确定最佳方案。如图 6.1 所示。

通过对国内外研究成果的分析，本节提取压边力、润滑条件、模具间隙、凸模圆角半径、冲压次数五个较为典型的工艺因素，通过优化上述参数取值来达到控制 DP780板 U 形件冲压回弹的目的。

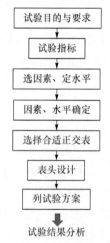

图 6.1　正交设计步骤

1) 压边力

压边力对板材的冲压过程有重要影响。压边力通过将板料周边夹持在压边圈和凹模之间，使板料中间部分在凸模作用下成形直至模具闭合，由此可见压边力的作用贯穿了整个成形过程。压边力的变化影响摩擦力的大小，对控制板料流动有显著作用。当压边力过小时，板料受到压边圈的约束作用小，使板料更容易流入凹模从而容易导致起皱；压边力过大时，材料流动困难，容易发生自锁现象而产生破裂失稳。研究指出，在给定冲压条件下，压边力有一个最优值，高于或低于此最优值，都会使冲压件的成形质量恶化[2]。一般在进行工艺设计时，压边力可使用如下公式初步确定：

$$F = Sq \tag{6.1}$$

式中，F 为压边力；S 为有效压边面积；q 为单位压边力，不同材料的 q 取值不同。

对于所讨论的 DP780，q 取值范围为 3.0～4.5MPa[3]，因此根据设计的 U 形件的冲压面积并借鉴已有工艺经验，压边力的取值范围分别为 2T、6T、10T。

2) 润滑条件

摩擦力是板材冲压成形中非常重要的外力之一，它既影响成形力大小，又对板料的流动控制起到重要作用，对板料的成形性能和成形质量产生直接影响[4]。在板料冲压成形过程中，一般将摩擦分为干摩擦、边界摩擦、流体摩擦三类。大多数覆盖件成形过程中的摩擦属于边界摩擦，此时干摩擦和流体润滑摩擦共同起作用，板料与模具之间一部分直接接触，另一部分由润滑流体隔开。典型的边界润滑剂包括油、脂肪油、脂肪酸和皂类等，摩擦系数为 0.1～0.4，具体数值取决于边界膜的强度、厚度以及模具表面状态等[2]。

根据实际冲压成形过程中的润滑特点，试验前的润滑主要通过在板料上均匀涂抹专用润滑油来完成。根据试验要求，冲压前板料表面清理干净，尽可能保持表面质量的一致性。在本章研究中，三种润滑条件的表述定义如下：①低润滑，钢板两面不涂抹润滑油；②标准润滑，在板料两面分别用滴管均匀定点滴 5 滴润滑油并涂抹均匀；③油润滑，在板料两面分别用滴管均匀定点滴 10 滴润滑油并涂抹均匀。

3) 模具间隙

凸凹模间隙是一个重要的工艺参数，可以起到控制板料在模具间流动的作用，对模具的使用寿命和冲压件质量及尺寸精度都有重要影响。当间隙过大时，模具和板料不能很好贴合，不仅容易发生材料局部堆积现象，而且会导致板料因塑性变形不充分而加重回弹现象；虽然较小的间隙可使材料的塑性变形更充分，但是由于实际冲压件结构特征比较复杂，而且板料和模具间的摩擦现象会更加严重，会使工件的表面擦伤或厚度过度变薄，抑制材料的流动，不利于板料成形，对凸凹模的摩擦磨损也比较厉害，容易降低模具的使用寿命。此时容易使板料由于局部塑性变形过度、减薄严重而产生拉裂现象。当模具间隙小于板料厚度时，有可能出现负回弹现象。由此可见，模具间隙取值不宜过大或过小。文献[2]研究指出，大型复杂模具的最优间隙值为坯料厚度的 15%，传统模具设计间隙一般取为坯料厚度的 10%。实际生产时应结合零件形状和成形要求进行调整。

本章选取的模具间隙分别为 1mm、1.4mm、1.8mm。

4) 凸模圆角半径

模具圆角半径是导致板料成形成败的一个重要参数。板料在流经模具圆角时，将经历由直变弯、再由弯变直的过程，产生较大变形，易使板料厚度减薄。弯曲变形产生的附加阻力和该处的摩擦阻力将一起对板料的后续变形施加作用，增大了对变形所需外力的要求，影响模具寿命和产品质量。圆角过小时，流经该处的板料变形阻力变大，易发生应力集中现象，不仅会导致板料拉裂而成形失败，对模具也会产生剧烈擦伤而缩短其使用寿命；过大的圆角虽然减小了破裂发生的可能性，但会使板料受到的变形阻力不够，塑性变形不充分，这无形中增大了对设备的要求，故圆角半径同样不宜过小和过大。

根据已有研究[5]并结合模具设备情况，选取的凸模圆角半径分别为 2.5mm、5mm、7.5mm。

5) 冲压次数

通常，一个完整的冲压过程要经过拉延、整形、修边、冲孔、翻边等多道工序才能完成。在冲压过程中变形区金属的变形流动是不均匀的，在成形过程中增加冲压的重复次数，有利于消除材料内部的残余应力，可减小板料成形后的回弹，提高板料的成形精度。

选取的冲压次数分别为一次冲压、二次冲压和三次冲压。

经过以上讨论分析，研究选用的试验设计工艺参数及其水平见表 6.1，即构成正交试验表的因素和水平。

表 6.1　各因素水平表

因素	压边力/T(A)	润滑条件(B)	凸模圆角半径/mm(C)	模具间隙/mm(D)	冲压次数(E)
水平 1	2	低润滑	2.5	1	1
水平 2	6	标准润滑	5	1.4	2
水平 3	10	油润滑	7.5	1.8	3

根据确定的因素和水平，工艺因素主要有压边力、润滑、凸模圆角、模具间隙以及冲压次数。水平都为三水平。选取正交表 $L_{18}(3^7)$，见表 6.2。

表 6.2　正交试验表

试验号	压边力/T	润滑条件	凸模圆角半径/mm	模具间隙/mm	冲压次数	备注
1	1	1	1	1	1	模具同 11
	2	低润滑	2.5	1		
2	1	2	2	2	2	模具同 12
	2	标准润滑	5	1.4		
3	1	3	3	3	3	模具同 10
	2	油润滑	7.5	1.8		
4	2	1	1	2	2	模具同 15
	6	低润滑	2.5	1.4		
5	2	2	2	3	3	模具同 13
	6	标准润滑	5	1.8		
6	2	3	3	1	1	模具同 14
	6	油润滑	7.5	1		
7	3	1	2		3	模具同 18
	10	低润滑	5	1		
8	3	2	3	2	1	模具同 16
	10	标准润滑	7.5	1.4		

续表

试验号	压边力/T	润滑条件	凸模圆角半径/mm	模具间隙/mm	冲压次数	备注
9	3	3	1	3	2	模具同 17
	10	油润滑	2.5	1.8		
10	1	1	3	3	2	
	2	低润滑	7.5	1.8		
11	1	2	1	1	3	
	2	标准润滑	2.5	1		
12	1	3	2	2	1	
	2	油润滑	5	1.4		
13	2	1	2	3	1	
	6	低润滑	5	1.8		
14	2	2	3	1	2	
	6	标准润滑	7.5	1		
15	2	3	1	2	3	
	6	油润滑	2.5	1.4		
16	3	1	3	2	3	
	10	低润滑	7.5	1.4		
17	3	2	1	3	1	
	10	标准润滑	2.5	1.8		
18	3	3	2	1	2	
	10	油润滑	5	1		

6.1.2　正交试验结果及分析

采用 U 形件的冲压试验进行回弹研究，试验时调至液压机滑块速度约为 10mm/s，冲压后的零件如图 6.2 所示。

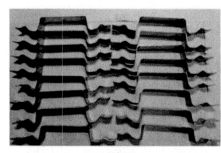

(a) 侧视图

(b) 俯视图

图 6.2　实际冲压件

在本研究中，18 次冲压试验后未立即测量回弹角，而是待板料静置一天，回弹充分完成后测量。多次测定的结果见表 6.3。利用统计分析软件 SPSS 对试验结果进行分析，计算每一因素在每一水平下对应的试验结果的平均值，以便分析各工艺参数在不同水平下对回弹角的影响趋势。具体结果见表 6.4。

表 6.3 回弹角测量结果

因素	压边力/T	润滑条件	凸模圆角半径/mm	模具间隙/mm	冲压次数	试验结果 θ/(°)
试验 1	1	1	1	1	1	13
试验 2	1	2	2	2	2	14.5
试验 3	1	3	3	3	3	17
试验 4	2	1	1	2	2	8.6
试验 5	2	2	2	3	3	12
试验 6	2	3	3	1	1	14
试验 7	3	1	2	1	3	9.5
试验 8	3	2	3	2	1	9.5
试验 9	3	3	1	3	2	9
试验 10	1	1	3	3	2	16.5
试验 11	1	2	1	1	3	11.5
试验 12	1	3	2	2	1	15.5
试验 13	2	1	2	3	1	13
试验 14	2	2	3	1	2	11.5
试验 15	2	3	1	2	3	8.5
试验 16	3	1	3	2	3	9
试验 17	3	2	1	3	1	9
试验 18	3	3	2	1	2	9.5

表 6.4 不同因子对应回弹角的平均值

因子		均值				
		压边力/T	润滑	凸模圆角半径/mm	模具间隙/mm	冲压次数
θ/(°)	水平 1	14.667	11.333	9.933	10.933	12.333
	水平 2	11.267	11.600	12.333	11.250	11.600
	水平 3	9.250	12.917	12.917	12.750	11.250

6.1.3　工艺参数对回弹的影响趋势分析

各工艺参数对回弹的影响趋势分析是通过比较每一因素每一水平均值的最大值来确定和选择最优水平。根据表 6.4 的数据，可以分别得出各工艺参数因素对回弹角的影响趋势。

1) 压边力的影响趋势

图 6.3 显示了压边力对回弹角 θ 的影响趋势。可以看出，随着压边力增大，回弹角 θ 逐渐减小，即回弹减小，而且下降趋势明显。这是因为当增大压边力时，增大了材料的流动阻力，侧壁部分板坯截面内外层残余应力的分布可能转变为沿整个截面均为拉应力，使得回弹过程中内外层变形的方向一致，从而回弹大为减小。但是，随着压边力增大，侧壁部分拉裂的可能性也会增大[6]。随着压边力增大，板料成形后的最大和最小厚度之差也不断变大，板料变形不均匀，不利于成形[7]。因此，在冲压过程中选择合适的压边力十分重要。

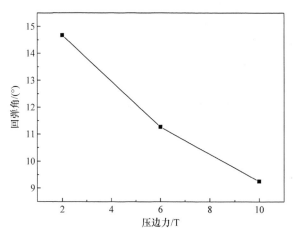

图 6.3　压边力对回弹角 θ 的影响趋势

2) 润滑条件的影响趋势

图 6.4 显示了不同润滑条件对回弹角 θ 的影响趋势。可以看出，随着润滑条件的改善，即摩擦系数的减小，回弹角 θ 增大，即回弹增大。

板料与模具表面接触和发生相对运动而产生摩擦现象，不同的润滑条件对应不同的摩擦条件，对板料成形后的应力应变分布状况有较大影响，进而影响板料成形后的回弹量。摩擦系数增大，摩擦阻力增加，拉应力变形区增大，使内外表面的应力状态趋向一致，所以回弹量减小。但是当摩擦系数较大时，拉应力也将变大，可能会导致开裂现象的出现，同时将对冲压件的表面质量造成影响。

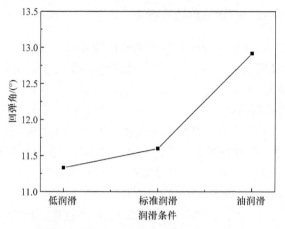

图 6.4　润滑条件对回弹角 θ 的影响趋势

3) 凸模圆角半径的影响趋势

图 6.5 显示了不同凸模圆角半径对回弹角 θ 的影响趋势。可以看出，随着凸模圆角半径的增大，竖直回弹角逐渐增大。这是因为在成形过程中，对凸模底部的材料而言，在流入壁部的过程中要受到圆角阻力的影响。圆角阻力主要由弯曲和反弯曲变形产生的变形阻力组成，变形阻力的大小主要和圆角半径相关，圆角半径越小，变形阻力越大，变形过程中的应力分布更加均匀，从而使回弹减小。

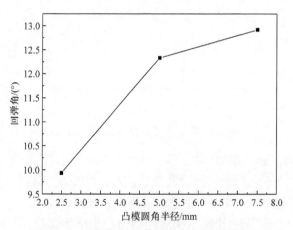

图 6.5　凸模圆角半径对回弹角 θ 的影响趋势

4) 模具间隙的影响趋势

图 6.6 显示了不同模具间隙对回弹角 θ 的影响趋势。可以看出，凸凹模间隙较小的成形零件的回弹角也较小，凸凹模间隙较大的零件回弹角也较大。随着凸凹模间隙增加，回弹角不断增大。这是由于凸凹模间隙越小，成形过程中法兰边

缘和直边部分产生的应变越大，这种应变能有效减少弹性变形的影响，从而使卸载后的回弹量减小。

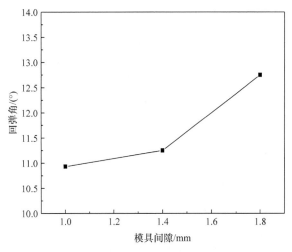

图 6.6　模具间隙对回弹角 θ 的影响趋势图

5) 冲压次数的影响趋势

图 6.7 显示了不同冲压次数对回弹角 θ 的影响趋势。可以看出，随着冲压次数的增加，回弹角 θ 呈现减小的趋势，但是减小幅度不大。这是因为在成形过程中增加冲压的重复次数，把成形过程分为几个连续的过程，降低了成形过程中应力分配的不均，有利于消除冲压成形过程中材料内部产生的残余应力，从而可降低板料成形后的回弹，提高板料成形精度。

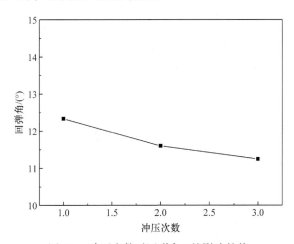

图 6.7　冲压次数对回弹角 θ 的影响趋势

6.1.4　各工艺参数对回弹的影响显著性分析

　　各工艺因素的各个水平对回弹角影响的直观分析，并没有给出较精确的数值估计，以判断各因素影响程度是否显著。同时，直观分析没有考察试验误差的干扰问题，它只单纯反映了试验数据的变化，没有区分这种变化是由因素效应引起的还是试验过程中各种随机误差引起的。为提高研究结果的精确度，需要对数据进行方差分析[8]。

　　方差分析的基本思想是将数据的总变异分解成因素引起的变异和误差引起的变异两部分，构造 F 统计量，进行 F 检验，即可判断因素作用是否显著[8]。通过计算得到的回弹角方差表见表 6.5。

表 6.5　回弹角 θ 的方差分析表

方差来源	偏差平方和	自由度	$F_{比}$	$F_{临界}$	极差 R	显著性
压边力	50.583	2	13.796	6.940	4.084	＊
润滑条件	1.583	2	0.432	6.940	0.667	
凸模圆角半径	25.583	2	6.997	6.940	2.917	＊
模具间隙	7.583	2	2.068	6.940	1.583	
冲压次数	3.083	2	0.841	6.940	0.916	

　　表 6.5 中第二列为各个因素的偏差平方和，该项是每个因素单次测量值与平均值之差的平方总和，该值越大，表示测定值之间的差异越大。但仅有此项不足以表示对应因素对试验结果影响的显著度，还需要考虑误差，因此进行了显著性，即 F 检验，给出检验水平 α，从 F 分布表中查出 $F_{临界}$，然后将 $F_{比}$ 与 $F_{临界}$ 比较。若 $F_{比}>F_{临界}$，则认为该因素对试验结果有显著影响；若 $F_{比}<F_{临界}$，则说明该因素对试验结果无显著影响。表 6.5 中第 6 列为各个因素的极差 R 分析结果，用来表示统计资料中的变异量数，其最大值与最小值之间的差距，即最大值减最小值后所得之数据。极差越大，表示该列因素的水平数值变化会导致试验结果发生更大变化，故极差最大的一列说明该列所代表因素对试验结果影响最大，也就是最主要的因素。

　　综合考虑 $F_{比}$ 和极差值，由表 6.5 的方差分析结果可知，压边力的 $F_{比}$ 为 13.796，对回弹角 θ 有非常显著的影响，凸模圆角半径对回弹角 θ 也有比较显著的影响；对极差 R 的比较可以得出，压边力对回弹角 θ 的影响最大，其后是凸模圆角半径。因此，针对 U 形件回弹控制的工艺参数分析可以得出，压边力和凸模圆角半径是影响回弹的显著因素。

6.2 不同载荷下变摩擦系数模型的建立

在冲压成形的有限元模拟中,库仑模型和定摩擦系数模型是传统的摩擦力模型,但仅在接触压力较小时其模拟效果才比较准确。把摩擦系数看成常数是忽略了载荷、材料表面形貌、成形速度以及板料材质等的影响,仅通过选取大小不同的摩擦系数来反映成形过程中摩擦的影响。实际上,随着成形条件的变化,成形过程中的摩擦系数并非定值,而是随着成形过程不断变化的。在这种情况下,库仑摩擦模型就不能准确描述成形过程中的实际摩擦状态。

尽管在通用的有限元模拟软件中,通常采用定摩擦系数来描述板料与模具之间的摩擦状态。但板料与模具的接触和摩擦行为十分复杂,为了得到更精确的模拟结果,有必要建立更符合实际成形条件的摩擦模型并应用于有限元模拟中。

本节中采用销-盘摩擦接触形式,对 DP780 和淬回火 DC53 模具钢在边界润滑条件下进行不同载荷的摩擦试验,利用外推插值法建立基于不同载荷的变摩擦系数模型。

6.2.1 金属板材成形中的摩擦行为

在过去几十年里,成形过程中的摩擦普遍采用两种摩擦模型来描述摩擦条件,分别是库仑摩擦模型和剪切摩擦模型,如式(6.2)和式(6.3)所示。这两种模型通过把所有的界面参数混成一个无因次的系数来量化界面摩擦。

$$\tau_f = \mu p \tag{6.2}$$

式中,μ 为摩擦系数;p 为正压力;τ_f 为摩擦切应力。

如图 6.8 所示,库仑摩擦定律只是当真实接触区域随力成比例增加时才是有效的。但在实际中,库仑摩擦定律只存在一个较小的正压力情况下,大部分情况是实际接触区域小于几何接触区域,因此在金属成形过程中使用库仑摩擦定律是有局限性的。在金属成形过程中,接触面压力可以达到材料屈服强度的很多倍。然而,在高的接触压力下库仑摩擦定律中的和之间的线性关系是无效的,因为正常工件的剪切应力不能超过板材的剪切屈服强度。因此当超过剪切应力时,摩擦系数是无意义的。

为了消除库仑摩擦模型的局限,Orowan 在 1943 年提出了剪切摩擦模型。这个模型中(图 6.9),在低压力下,库仑摩擦模型的摩擦剪切应力与正压力成一定比例,在高压力下,摩擦剪切应力与剪切强度相等。

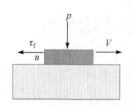

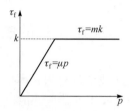

图 6.8　库仑摩擦定律示意图　　　图 6.9　接触压力和摩擦剪切应力之间的关系

在式(6.3)中,当无摩擦时,τ_f 等于零;当存在黏着摩擦时,也就是在界面的滑动被基体材料的剪切所取代时,τ_f 等于1[9]。

$$\tau_f = f\bar{\sigma} = m\frac{\bar{\sigma}}{\sqrt{3}} = mk, \quad 0 \leqslant m \leqslant 1 \tag{6.3}$$

式中,f 为摩擦系数;m 为剪切因子;τ_f 为剪切强度;$\bar{\sigma}$ 为流变应力。

为了考虑摩擦中真实接触面积率的影响,Wanheim 等提出了一个修正摩擦模型——通用摩擦模型[10,11],如式(6.3)所示。在这个模型中,剪切应力是一个关于真实接触面积比的函数。当两个名义上的平面互相接触时,表面粗糙度导致一些离散微凸体支撑载荷形成接触点。这些接触点的总面积组成了真实接触面积。大多数接触情况下,这仅仅是表观接触面积的很小一部分。真实接触面积比被认为是真实接触面积与表观接触面积的比率。

$$\tau_f = f'\alpha k = m_r \frac{\bar{\sigma}}{\sqrt{3}} \tag{6.4}$$

式中,f' 为修正的摩擦系数;m_r 为修正的剪切因子(真实接触面积的函数);$\bar{\sigma}$ 为流变应力;α 为真实接触面积比。

然而,Wanheim 并没有考虑润滑行为的影响[11]。为了考虑摩擦行为的影响,Bowden 和 Tabor[12]对于模具/工件接触面的边界和混合薄膜摩擦机制提出了一种复杂的模型,如式(6.5)所示。

$$\tau_f = \alpha\tau_a + (1-\alpha)\tau_b \tag{6.5}$$

式中,α 为真实接触面积比;τ_a 为在接触微凸体的平均剪切应力;τ_b 为摩擦微凹坑中的平均剪切应力。

这个模型明确地把一些重要的变量用公式表示了出来,摩擦剪应力与面积比有关,同时受到黏度、压力、滑动速度和薄膜厚度的影响。如果在模具/工件的接触面上没有摩擦,那么将等于零,从而摩擦剪切应力将会等于式(6.4)中所示的真实接触面积比的函数。为了考虑摩擦中润滑行为的影响,在模具/工件接触面上假设存在一个人工的润滑膜,可以使用流体力学理论中的雷诺方程来计算该薄膜厚度的变化表征摩擦的变化[12,14]。尽管这个方法比较详细地考虑了润滑行为，但这个模型由于涉及的参数众多且比较复杂，在应用于金属成形模拟时有一定难度。

金属在塑性成形时，根据坯料与模具接触的表面润滑状态的不同，可以把摩擦分为 4 种不同的机制：干摩擦、边界摩擦、混合摩擦、流体摩擦。

干摩擦条件意味着坯料和工具的接触表面上不存在任何外加润滑介质，即直接接触产生的摩擦，因此摩擦系数较高。这种干摩擦条件只在一些特定的成形操作中才会存在，如板材热轧和铝合金无润滑挤压。边界摩擦是指当坯料和工具的接触表面上涂覆润滑剂时，随着接触压力的增大，坯料表面的凸起部分被挤平，润滑剂被挤入凹坑中封存在里面，这时在压平部分与模具之间存在一层极薄的润滑膜，这种润滑膜一般是一种流体的单分子或多分子膜，接触表面就处于被这层润滑膜隔开的状态，这种状态下的摩擦称为边界摩擦。边界摩擦是在金属冲压、锻造和液压成形中最常见的一种摩擦条件。混合摩擦是指当金属表面的微凸体经历边界摩擦后，金属表面的微凹处开始充满润滑剂时的摩擦状态。这种摩擦在金属成形中也经常遇到。流体摩擦是指坯体和工具表面间的润滑剂层较厚，两表面完全被润滑剂隔开时的摩擦状态。它与干摩擦和边界摩擦有本质区别，其摩擦特征与所加润滑剂的性质(黏度)和相对速度梯度有关而与接触表面的状态无关。流体摩擦在金属成形中极少存在，只存于一些特定条件下，如板料轧制过程中[15]。

6.2.2　DP780 与 DC53 的摩擦系数

为了使在有限元仿真中采用的摩擦系数更接近实际冲压过程，必须选择和实际冲压中相同的材料作为摩擦副。采用 MMW-1 型立式万能摩擦磨损试验机进行销/盘摩擦试验，测定不同载荷下 DP780 与 DC53 相对滑动的摩擦系数。

试验用材为宝钢产 0.9mm 厚 DP780 裸板(力学性能参数见表 6.6)，和实际冲压成形过程用 DC53 模具钢作为对摩副。由于淬回火的模具材料硬度远高于钢板硬度，如果把模具材料作为销、钢板为盘，在试验过程中会产生严重的犁削现象，如图 6.10 所示，导致测试的摩擦系数不准确。为此，设计的销/盘形状如图 6.11 所示。DP780 加工成长宽为 6mm×3mm 的圆角矩形薄片，镶嵌在销的凹坑中，在摩擦时直接与盘接触。而试验时，盘材料经过热处理后硬度为 61HRC，表面粗糙度为 Ra=0.02~0.05，钢板薄片采用线切割加工，尽量保持原有表面状态。

表 6.6　DP780 材料力学性能参数

弹性模量 E/GPa	屈服强度 σ_s/MPa	抗拉强度 σ_b/MPa	硬化指数 n	硬化系数 /MPa	泊松比 ν	R_0	R_{45}	R_{90}
205	510	782	0.161	1195	0.3	0.75	0.95	0.85

图 6.10　犁削现象

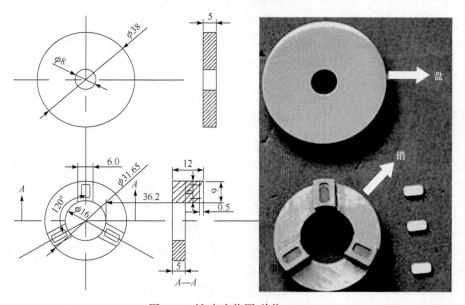

图 6.11　销/盘实物图(单位：mm)

试验参数确定如下。

(1) 转速：实际冲压速度 $v=10$mm/s，按照实际冲压速度与销旋转的等效直径换算后，选取的转速为 8r/min。

(2) 时间：在能够获得满足试验要求的摩擦系数的前提下，为了提高试验效率尽可能选取较短时间，因此选取的试验时间为 1min。

(3) 润滑条件：选择采用标准润滑为摩擦试验中的润滑方式。根据条件模拟原则，摩擦试验中的润滑条件与冲压成形中应尽可能一致，采用相同的润滑油和涂抹方法。

(4) 载荷：考虑到摩擦磨损试验机的有效加载范围，在摩擦试验时选取的正压力为 50N、100N、150N、200N、300N、400N、500N、600N、700N、800N、900N，对应的模具/工件表面载荷范围为(1.03～18.5MPa)。

图 6.12 是在边界润滑条件不同载荷下测得的摩擦系数曲线。可以看出，在测

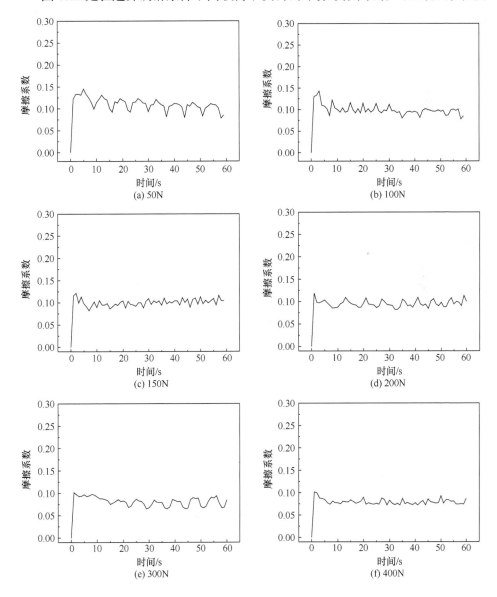

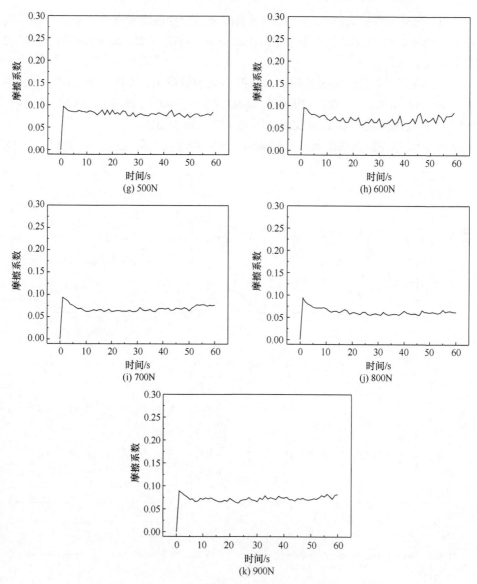

图 6.12　不同载荷下的摩擦系数曲线

试时间内摩擦系数基本趋于稳定。在实际冲压过程中，尽管模具表面可能不是新鲜表面，但板材表面总是新鲜表面，实际冲压时的摩擦系数应该是摩擦初期阶段的摩擦系数，基于此考虑，采用前 5s 的摩擦系数测试值取平均值作为本节研究的摩擦系数。经选取，计算后的摩擦系数见表 6.7。

表 6.7 边界润滑下不同载荷对应的摩擦系数

压力/N	50	100	150	200	300	400	500	600	700	800	900
对应载荷/MPa	1.03	2.05	3.08	4.11	6.16	8.21	10.27	12.32	14.37	16.42	18.48
摩擦系数	0.133	0.125	0.110	0.103	0.095	0.092	0.089	0.087	0.085	0.082	0.080

由表 6.7 可知，在本节采用的润滑条件和选择的载荷范围内(1.03MPa～18.5MPa)，DP780 和 DC53 之间的摩擦系数最大为 0.133，最小为 0.080。对比各摩擦机制对应的摩擦系数(干摩擦 μ>0.3，边界摩擦 $0.1 \leqslant \mu \leqslant 0.3$，混合摩擦 $0.03 < \mu < 0.1$，流体摩擦 $\mu \leqslant 0.03$)可知，本节选择的载荷和润滑条件下，随着载荷增大，DP780 和 DC53 的表面摩擦同时有边界摩擦和混合摩擦机制存在。当载荷较小时，接触表面间的摩擦为边界摩擦；当载荷较大时，接触表面间先是边界摩擦而后又出现了混合摩擦。

图 6.13 是不同载荷下对应的摩擦系数。如图 6.13 所示，随着载荷的增大，摩擦系数减小，即载荷越小摩擦系数越大。当法向载荷增大时，由于板料硬度相对于模具较低，在较大的法向载荷作用下，板料和模具间的接触面积增大，单位接触应力减小，导致摩擦系数随法向载荷的增大而减小。

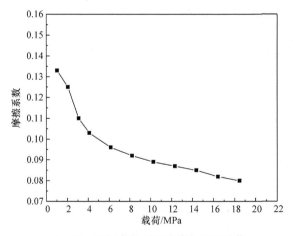

图 6.13 不同载荷下的摩擦系数试验值

6.3 变摩擦系数模型

6.3.1 变摩擦系数模型建立

先进高强度钢或超高强度钢具有更大的表面硬度和屈服强度。在塑性成形过程中会产生极高的表面接触应力,定摩擦系数模型在此类高接触压力下不再适用。实际成形中的模具/工件表面压强比摩擦试验机中最大试验压强大,为此,采用板材真应力-真应变硬化模型计算常见的外推方法,利用变摩擦系数模型将摩擦系数进行外推插值。基于本章试验设计,采用如下变摩擦系数模型如式(6.6)所示,以考虑界面压强对摩擦系数的影响:

$$\mu = \mu_0 \left(\frac{p}{p_0} \right)^{n-1} \tag{6.6}$$

式中, p 为模具/工件表面载荷; μ 为摩擦系数; p_0 为参考载荷; μ_0 为参考载荷下对应的摩擦系数; n 是指数($p_0 > 0$, $0.5 \leqslant n \leqslant 1$)。

采用最小二乘法可以求得适用于本研究中模具/板材搭配下的变摩擦模型指数 $n=0.823$ 。在标准边界润滑下,摩擦系数通常设定为定值 $\mu_{const}=0.15$,因此式(6.6)中选取和 0.15 最为接近的摩擦系数对应的载荷作为参考载荷,即 $p_0=1.03$, $\mu_0=0.133$ 。因此,式(6.7)可表示为

$$\mu = 0.133 \times \left(\frac{p}{1.03} \right)^{-0.177} \tag{6.7}$$

6.3.2　变摩擦系数模型验证

图 6.14 给出了测试的不同表面载荷下摩擦系数和式(6.7)所拟合的变摩擦系数曲线。可以看出,不同载荷下摩擦系数的试验值与拟合值吻合很好。采用该模型能更准确地反映出实际冲压过程中摩擦力的变化。

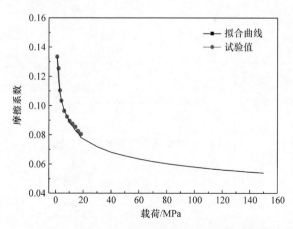

图 6.14　摩擦系数的试验值和计算值对比图

6.4　基于变摩擦系数模型的回弹数值分析

目前很多有限元模拟软件(DYNAFORM、AUTOFORM、PAM-STAMP、ABAQUS 等)可用于板料成形回弹的仿真模拟，很多学者也对板料回弹的有限元仿真模拟做了大量研究。但这些研究表明，目前的板料回弹预测精度仍较低(≤75%)，如何提高有限元仿真模拟对回弹的预测精度仍是板料冲压成形领域需要重点研究的问题。

本节选择 AUOTFORM 软件和其中的常规设置条件(标准润滑、干润滑、油润滑)，结合自建的变摩擦系数模型进行成形和回弹的数值模拟，并与实际冲压结果进行对比分析。

6.4.1　数值分析软件简介

AUTOFORM 软件是由瑞士研发与全球市场中心和德国工业应用与技术支持中心联合开发的用于板料成形模拟的专用软件，是目前该领域中应用最广泛的 CAE 软件之一。它提供了从产品的概念设计直至最后模具设计的一个完整的设计方案，特别适用于复杂的深拉延和拉深成形模的设计，以及冲压工艺和模面设计的验证、成形参数的优化、材料与润滑剂消耗的最小化、新板料(如拼焊板、复合板)的评估和优化。其主要模块包括 User-Interface (用户界面)、Automesher (自动网格划分)、Onestep(一步成形)、Die Designer (模面设计)、Incermental n(增量求解)、Trim(切边)、Hydro(液压成形)等。软件可通过已定义好的成形工艺及模具形状来预测减薄拉裂、起皱和回弹等成形状态，同时对成形力、压边力、拉延筋和模具磨损等种工艺问题进行分析，以便优化工艺和模具设计。在模拟技术方面采用新的隐式有限元算法保证求解的迭代收敛，数值控制参数的自动决定和使用精确的全量拉格朗日理论等保证求解快且准确。该软件核心技术包括隐式增量算法、板壳有限元理论、材料的本构关系和屈服准则、接触判断算法和网格细化自适应技术、CAD/CAM 软件和 CAE 软件之间的数据转换技术、建立有限元模型的若干技巧以及板料成形模拟的一般过程等。

该软件不但具有界面友好和方便操作的特点，而且拥有大量的智能化自动工具，可帮助模具设计人员方便地求解各类板料成形问题，从而显著减少模具开发的设计时间及试模周期。由于 AUTOFORM 软件具有很强的实用性，目前在全球范围内使用该软件的整车厂和模具制造商超过 100 家。在国内也有许多行业用户使用 AUTOFORM 软件，如上汽大众汽车有限公司、上汽通用汽车有限公司、一汽模具制造、东风汽车等都将其作为 CAE 辅助工具。

　　在分析板料成形过程时，应用 AUTOFORM 软件主要包括建立计算模型、求解和分析计算结果三个基本的部分，其流程如图 6.15 所示。

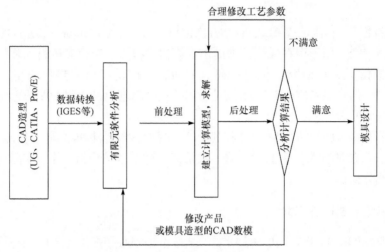

图 6.15　板料成形过程分析流程图

　　具体应用步骤表述如下：

　　(1) 直接在 AUTOFORM 的前处理器中建立模型。或者在 CAD 软件(如 UG、CATIA 和 Pro/E 等)中根据拟定或初定的成形方案，建立板料、对应的凸模和凹模的型面模型以及压边圈等模具零件的面模型，然后存为 IGES、STL 或 DXF 等文件格式。将上述模型数据导入 AUTOFORM 系统。

　　(2) 利用 AUTOFORM 软件提供的网格划分工具对板料、凸模、凹模、压边圈进行网格的自动划，自动检查并修正网格缺陷。

　　(3) 定义板料、凸模、凹模和压边圈的属性，以及相应的工艺参数(包括接触类型、摩擦系数、运动速度和压边力曲线等)。

　　(4) 调整板料、凸模、凹模和压边圈之间的相互位置，观察凸模和凹模之间的相对运动，以确保模具动作的正确性。

　　(5) 设置好分析计算参数，然后求解。

　　(6) 以云图、等值线和动画等形式显示数值模拟结果。

　　(7) 分析模拟结果，通过反映的变化规律找到问题的所在。重新定义工具的形状、运动曲线，进一步设置毛坯尺寸、变化压边力的大小，调整工具移动速度和位移等，重新运算直至得到满意的结果。

6.4.2　U 形件冲压回弹的有限元模拟模型建立

　　U 形件冲压模拟步骤如下。

1. 导入模型

利用三维建模软件 CATIA 分别对凸模、凹模及坯料进行建模，并将所建模型以*.igs 格式保存。CATIA 建模后的模型如图 6.16 所示。启动 AUTOFORM 软件，在主界面 File 一栏中选择 New 菜单项，弹出对话框，导入图 6.16 中事先建立的模型(Die, Binder, Punch)，并在 Tool 选项中依次定义 Die、Binder、Punch 和导入的模型一一对应。在 Blank 选项中选择 Rectangle 选项，输入所选用的板材尺寸(长250mm、宽 30mm、厚度 0.9mm)，并通过坐标调整板材位置直至其位于压边圈中间位置。

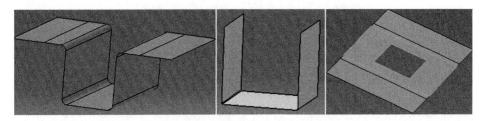

图 6.16　U 形件冲压模型三维图

根据模拟要求设定好其他参数，调整模具位置，并赋予材料属性后即可得到完整的 U 形件有限元模拟模型，如图 6.17 所示。

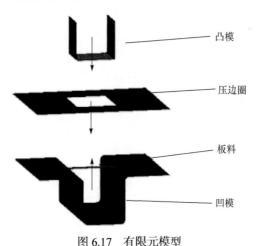

图 6.17　有限元模型

2. 添加工序和参数设置

在 Process generator→Process 选项中添加本节模拟所需工序：定位(position)、drawing(拉延)和回弹(spring back)等工序。具体步骤为：单击 Add process step，在Type of process 中选择，选择插入在 Gravity 之后，单击 Add process step 确认，再

重复上述过程来设置其他工序。在添加好所需工序后，就要在各个工序页面进行材料模型和所需工艺参数的设定，包括压边力、冲压速度、摩擦条件、行程以及回弹的约束条件等参数。操作完成后添加好的工序显示如图 6.18 所示。

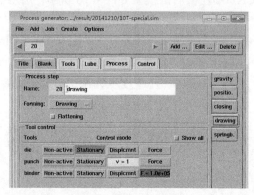

图 6.18　添加工序设置

本章中模拟的 U 形冲压件材料为 DP780。为了得到更为准确的材料模型，通过硬化曲线近似拟合的方法得到了硬化曲线。根据拉伸试验数据，硬化曲线外推到应变值至少 $\varepsilon_{pl}=1.0$。

图 6.19 给出了通过拟合获得的 DP780 的流变曲线。图 6.19 中，点线是输入的拉伸数据，左边竖直灰色线是拟合的最小应变控制值 ε_{min}，右边竖直灰色线是拟合的最大应变控制值 ε_{max}，上下两条黑色曲线分别是依照 Swift 法拟合和 Hockett-sherby 拟合的曲线，中间曲线为本节采用近似拟合合并 Swift 法拟合和 Hockett-sherby 法拟合得到的硬化曲线。可以看出，通过近似拟合方法得到的曲线和实际拉伸数据更为接近。

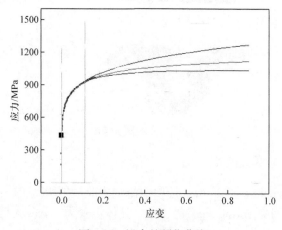

图 6.19　拟合的硬化曲线

考虑到材料的动态硬化及本课题组前期的研究结果，屈服准则采用 Hill 屈服准则，最终得到的材料模型如图 6.20 所示。

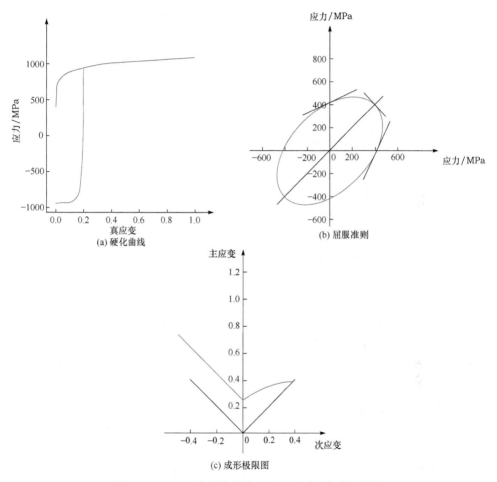

图 6.20　DP780 的硬化曲线、屈服准则和成形极限图

在 AUTOFORM 软件中，润滑选项提供了多种可使用的摩擦条件设置，如图 6.21 所示。数值模拟时的定摩擦系数选项分别有标准润滑(摩擦系数默认 0.15)、干润滑(摩擦系数默认 0.25)和油润滑(摩擦系数为 0.05)三种特定的摩擦系数设置，同时还有 Pressure dependent 选项，通过该选项可以进行基于不同载荷的变摩擦系数模型下的有限元模拟，即根据 6.3 节中确定的基于不同载荷的变摩擦系数模型可以确定所需的 p_0 和 n。

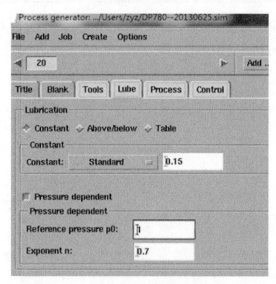

图 6.21　摩擦设置

在本章选择的载荷范围(1.03～18.5MPa)和润滑条件下，DP780 和 DC53 之间的摩擦系数最大为 0.133，最小为 0.080。随着载荷增大，DP780 和 DC53 的摩擦同时有边界和混合摩擦机制存在，因而摩擦系数范围为 $0.03 < \mu < 0.3$。

根据本章得到的摩擦系数区间，为了对比分析采用不同摩擦系数模型的模拟结果的准确性，分别采用标准润滑(摩擦系数默认 0.15，对应摩擦试验中的边界摩擦)、干润滑(摩擦系数默认 0.25，对应摩擦试验中的干摩擦)、油润滑(摩擦系数默认 0.05，对应摩擦试验中的混合摩擦)和压力相关润滑(对应本章自建的变摩擦系数模型)进行模拟对比。

3. 仿真模拟

完成上述步骤后，在 Process generator 中 Job→Start simulation→View log 选项中，单击 Check 按钮，进行刚体位移检查，通过这个检查能够确定模具设计是否正确。单击 Time 下的 Animate start/end 按钮，查看动态模拟。计算结束后，单击 Reopen，查看模拟结果。

6.4.3　U 形件冲压回弹试验与有限元模拟

在 AUTOFORM 软件建立好的有限元模型中，输入实际冲压采用的工艺参数。分别对三种定摩擦系数模型(标准润滑、干润滑、油润滑)和变摩擦系数模型进行模拟和对比。变系数模型采用式(6.7)确定的基于不同载荷的变摩擦系数模型。

1. U 形件冲压试验

为了对比几种不同的摩擦系数模型下的仿真模拟结果，研究中保持其他工艺参数不变，选择 6T 的压边力进行实际冲压，具体工艺参数见表 6.8。实际冲压结果作为有限元仿真模拟结果分析的参照。

表 6.8　工艺参数表

压边力/T	润滑	凸模圆角半径/mm	模具间隙/mm	冲压次数
6	标准润滑	2.5	1	1

为了对比成形数值模拟结果精度，进行了 U 形件冲压试验、厚度测量和回弹角测量。采用 PX-7 超声波测厚仪在试样中选取变形较为明显的 5 个不同的部位(竖直侧壁和两个弯角)进行厚度测量。由于试样有左右对称性，以试样中间点为中心，两边分别测量取平均值计算不同部位的厚度变化，具体测量点的示意如图 6.22 所示。图 6.23 为实际冲压件和测厚仪。

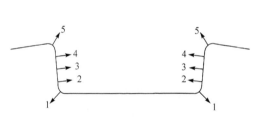

图 6.22　测量点示意图

图 6.23　实际冲压件和测厚仪

为了比较试验结果的稳定性，重复冲压 3 次，取 3 次结果的平均值作为最终试验结果。U 形件的厚度结果和回弹结果分别见表 6.9 和表 6.10。可以看出，回弹角随压边力增大而减小，这和正交试验中压边力对回弹角的影响趋势一致。

表 6.9　厚度结果

测量点	1	2	3	4	5
厚度/mm	0.872	0.868	0.854	0.864	0.872

表 6.10　实际冲压回弹结果

试验编号	1	2	3	平均值
回弹结果/(°)	11.4	11.2	11.3	11.3

2. U 形件冲压的成形模拟分析

压边力 6T 时拉延模拟结束后的成形极限图如图 6.24 所示。可以看出，在 4 种摩擦系数模型下，当选择润滑条件为干润滑(摩擦系数为 0.25)时，板料在拉延过程中的竖直侧壁出现破裂情况，导致模拟失败；选择其他三种摩擦系数模型(标准润滑、油润滑和变摩擦系数模型(Variable)模拟时，板料完成拉延成形，板料主应力都在成形极限图以下，板料成形都比较充分。

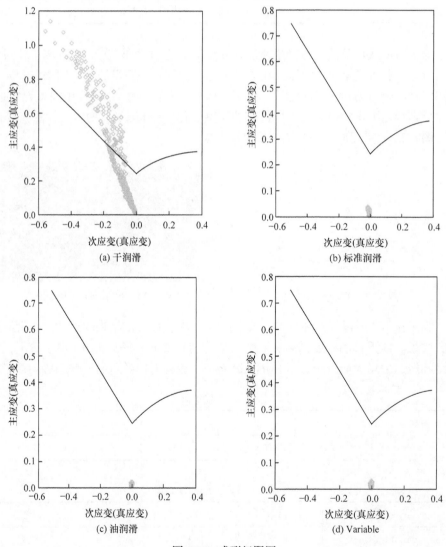

图 6.24　成形极限图

　　表 6.11 是压边力为 6T 时有限元模拟和实际冲压的厚度结果。图 6.25 给出了压边力为 6T 时由 3 种摩擦系数模型和实际冲压得到的厚度分布对比。由图 6.25 可知,采用定摩擦系数模型和油润滑(μ=0.05)模型的模拟结果和实际测量值相差最大;采用自建的变摩擦系数模型和定摩擦系数模型标准润滑(μ=0.15)的模拟结果和实际测量结果都比较接近。同时在两个定摩擦系数模型标准润滑和油润滑条件下,随着摩擦系数的减小,厚度变化也减小。

表 6.11　6T 时的厚度结果

测量点	1	2	3	4	5
干润滑	模拟失败, 破裂				
标准润滑	0.860	0.858	0.848	0.859	0.869
油润滑	0.879	0.881	0.868	0.875	0.882
变摩擦系数模型	0.875	0.876	0.861	0.867	0.875
实际冲压	0.872	0.868	0.854	0.864	0.872

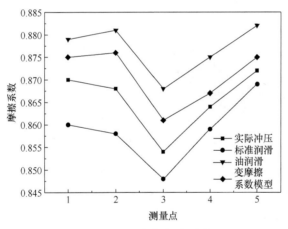

图 6.25　厚度分布对比图

　　对不同摩擦系数模型的成形模拟结果和实际冲压结果的对比分析可知, 在成形过程中, 相同压边力下, 采用不同的摩擦系数模型模拟时, 摩擦模型对应的摩擦系数越大, 模拟后板料的厚度变化越小。采用干摩擦系数模型进行模拟时, 由于摩擦系数为 0.25, 和实际摩擦系数相差最大, 模拟没有成功。因此, 在模拟板料有润滑剂条件下的冲压成形时, 首先要排除采用干摩擦系数的模型; 采用定摩擦系数模型, 油润滑(μ=0.05)模型的模拟结果和实际测量值相差最大。在模拟板料有润滑剂条件下的冲压成形时, 也要排除采用定摩擦系数油润滑(μ=0.05)模型。

采用自建的变摩擦系数模型模拟的厚度结果和实际结果差距最小，可以提高成形模拟精度。

3. U形件冲压的回弹模拟分析

由成形结果的分析可知，采用定摩擦系数模型成形模拟时，干摩擦($\mu=0.25$)和油润滑($\mu=0.05$)两个定摩擦系数模型的模拟结果最不准确。因此，在回弹模拟时，只选用定摩擦模型标准润滑($\mu=0.15$)和变摩擦系数模型来与实际结果进行比较。不同摩擦系数模型的仿真模拟和实际冲压回弹角的结果见表 6.12。图 6.26 为不同摩擦系数模型仿真模拟的回弹角结果对比图。

表 6.12　不同摩擦模型的仿真模拟回弹角

试验结果	样件 1	样件 2	样件 3	平均值
实际测量/(°)	11.4	11.2	11.3	11.3
变摩擦模拟及误差	12.6(+11.5%)			
定摩擦模拟及误差	8.56(−24.2%)			

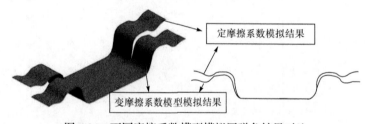

图 6.26　不同摩擦系数模型模拟回弹角结果对比

由表 6.12 中的结果可以看出，定摩擦系数模型的标准润滑条件下数值模拟预测的回弹角低于试验测量值，误差为−24.2%；采用本章建立的基于载荷的变摩擦系数模型时，回弹角预测值与试验值基本接近，精度误差为+11.5%，即变摩擦系数模型可有效提高回弹角预测精度。从回弹角模拟值来看，定摩擦系数下的回弹角比变摩擦系数模型的回弹角小，如图 6.26 所示。这是因为在板料弯曲变形中，内外表面分别产生压应力与拉应力，两种应力状态的不同是模具卸载后产生回弹角的根本原因。而摩擦力主要可以增大拉应力变形区域，使得内外表面的应力状态趋于一致，即摩擦的存在对减小回弹角是有利的。摩擦阻力越大，内外表面拉压状态区别越小，卸载后的回弹角也就相应减小。

4. 结果和讨论

由成形模拟结果和回弹角模拟结果的分析可知，在相同压边力及其他工艺参数条件下，采用不同的摩擦系数模型模拟时，随着模拟分析采用的摩擦系数的增大，板料厚度的变化减小，回弹角减小。这是因为摩擦的存在可以改变体内应力的状态，使应力分布更不均匀，增大变形抗力；同时引起不均匀变形，产生附加应力和残余应力。采用不同的摩擦模型模拟时，板料在流动过程中所受的摩擦剪切阻力是不同的。

图 6.27 是压边力为 6T 时，在相同的时间节点、相同的网格区域、不同摩擦模型模拟时摩擦剪切力的对比图。模拟时，摩擦系数越大，板料所受的摩擦剪切力越大，因此大摩擦系数的模型模拟的板料厚度就越小，回弹角也越小。本章建立的基于不同载荷的变摩擦系数模型比简单地把摩擦系数定义为常数更能准确地反映实际冲压过程中摩擦力的变化，也更能准确地模拟板料变形过程中的应力变化，因此模拟结果更准确。

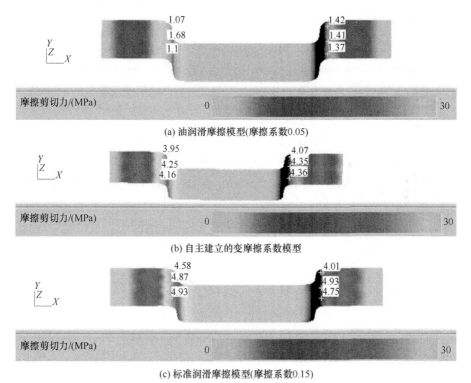

图 6.27　不同摩擦模型模拟时的摩擦剪切力

参 考 文 献

[1] 刘瑞江, 张业旺, 闻崇炜, 等. 正交试验设计和分析方法研究[J]. 实验技术与管理, 2009, 27(9): 52-55.

[2] 雷正保. 汽车覆盖件冲压成形 CAE 技术及其工业应用研究[D]. 长沙: 中南大学, 2003.

[3] 梁炳文. 冷冲压工艺手册[M]. 北京: 北京航空航天大学出版社, 2004.

[4] 符永宏, 王忠领, 华希俊, 等. U 形件模具表面摩擦对回弹影响的数值模拟[J]. 锻压技术, 2011, 36(6): 28-32.

[5] 谢震, 李萌, 王武荣. 高强度双相钢薄板拉弯成形试验及数值模拟[J]. 上海交通大学学报, 2013, 43(5): 760-765.

[6] 林忠钦, 刘呈, 李淑慧, 等. 应用正交试验设计提高 U 形件的成形精度[J]. 机械工程学报, 2002, 38(3): 83-89.

[7] 温彤, 陈霞, 丰慧珍. DP800 高强度钢板冲压回弹的影响因素及其控制[J]. 金属铸锻焊术, 2011, 40(21): 69-73.

[8] 蔡强. 正交试验法对异形弹簧加工工艺参数的改进[D]. 上海: 上海交通大学, 2012.

[9] ScheyJ A. Tribology in Metalworking: Lubrication, Friction and Wear[M]. Metal Park : American Society for Metal, 1983.

[10] Wanheim T, Bay N, Peterson A S. A theoretically determined model for friction in metal working processes[J]. Wear, 1974, 28(2): 251-258.

[11] Bay N, Wanheim T, Petersen A S. *Ra* and the average effective strain of surface asperities deformed in metal forming processes[J]. Wear, 1975, 34(1): 77-84.

[12] Bowden F P, Tabor D. Friction and Lubrication[M]. London: Methuen&Co. LTD, 1967.

[13] Wilson W, Hsu T C, Huang X B. A realistic friction model for computer simulation of sheet Metal forming process[J]. ASME Transactions-Journal of Engineering for Industry, 1995, 117: 202-209.

[14] Kim H.Prediction and elimination of galling in forming galvanized advanced high strength steels[D]. Columbus: The Ohio State University, 2008.

[15] 谢延敏, 于沪平, 陈军, 等. 基于代理模型的板料成形优化技术进展[J]. 塑性工程学报, 2006, 13(2): 20-24.

第7章　硼钢热冲压成形中的高温板带摩擦试验

本章介绍一种高温板带摩擦试验方法，通过自主设计的可模拟实际热冲压生产过程的高温板带式摩擦试验机实现高温成形过程中板带与模具的摩擦行为研究。设计中测量了加热炉的恒温区长度和摩擦工具的冷却能力，确保冷却速率大于试样淬火的临界冷却速率。设计中对比了不同的摩擦接触运动方式，选择可模拟热冲压合模初期的单向滑动摩擦运动方式。为了更好模拟实际热冲压生产的加热和转移过程，选择合适的加热系统和拉伸系统，使试样的加热、转移和摩擦具有连续性。同时为了模拟实际热冲压模具中的冷却系统，实现高温摩擦中同时对板带试样进行冷却的功能，设计了可通冷却水的摩擦工具。

本章利用该试验机在不同工艺条件下进行超高强度热冲压钢板和模具间的高温摩擦试验，测量其高温摩擦系数，并研究其高温摩擦行为及机理。

7.1　试　验　目　的

热冲压成形工艺的主要原理是先将超高强度钢板置于加热炉中加热至奥氏体化温度以上，并保温一段时间，使钢板完全奥氏体化，然后将钢板通过机械手等装置迅速转移到热冲压模具中快速成形，为了使工件的形状和尺寸保持稳定，成形后需保压一段时间，同时热冲压模具中设置有冷却装置，在成形的同时完成钢板的淬火，使钢板的显微结构由奥氏体组织转变为均匀的马氏体组织，从而使成形件具有更高强度和良好的尺寸精度[1]。

为了测得热冲压成形过程中合模初期热成形钢裸板(以 22MnB5 为例)和热作模具钢(H13)之间的动态摩擦系数，研究裸板的高温摩擦行为及机理，首先要研制出能够模拟实际热冲压成形过程的试验机。该试验机必须具备如下系统：

(1) 高温加热系统。热冲压中需将热成形钢板加热到 900~950℃完全奥氏体化后，再转移至模具中进行冲压并同时淬火完成马氏体转变[2]，所以加热系统的最高加热温度要达到 950℃以上且具有小方孔，以便奥氏体化的钢板进行转移，并具有良好的保温功能。

(2) 直线运动稳定且速度可调的拉伸系统。钢板被加热到所需温度后，要将被加热部分转移至加载系统中进行加载并进行摩擦试验。考虑到高温摩擦下的摩擦机理，要求拉伸系统能提供足够大拉力并保持直线运动的稳定性，且速度可调，以模拟转移和摩擦两个过程。

(3) 稳定的加载系统。需要能模拟超高强度硼钢板与模具间的接触压力，实现稳定的法向载荷，保证超高强度硼钢板与模具良好接触。

(4) 准确的数据采集系统。需要不仅能实时显示拉力，还要能在线记录和存储，以便后续数据分析，得到载荷和摩擦力的准确值以求得摩擦系数。

(5) 可控的冷却系统。钢板的对摩工具需有冷却系统并可调节冷速，以模拟实际热冲压工艺中模具的冷却功能。

7.2 试验机结构系统

7.2.1 试验机类型的确定

目前摩擦磨损试验机的种类很多，按实际摩擦副的接触形式分类有点接触磨损试验机、线接触磨损试验机和面接触磨损试验机；按实际摩擦副的相对运动关系分类有滑动、滚动、滚动兼滑动、转动、往复运动及冲击等磨损试验机；按试验条件分类有摩擦磨损试验机、快速磨损试验机、高低温磨损试验机、高低速磨损试验机、定速磨损试验机、真空磨损试验机、齿轮疲劳磨损试验机、制动摩擦磨损试验机、冲蚀磨损试验机、腐蚀磨损试验机、微动磨损试验机、气蚀磨损试验机、滑动或滚动轴承磨损试验机等；按摩擦副的试验功用分类有齿轮磨损试验机、滑动或滚动轴承磨损试验机、制动摩擦磨损试验机和导轨摩擦磨损试验机等；按磨损的类型分类有黏着磨损试验机、磨粒磨损试验机、接触疲劳磨损试验机、微动磨损试验机、冲蚀磨损试验机、气蚀侵蚀磨损试验机和腐蚀磨损试验机等[3]。

常见的摩擦磨损试验机摩擦副接触运动方式如图 7.1 所示。其中，图(a)给出了四球摩擦磨损试验机的摩擦副接触方式，上球卡在一个专用弹性夹头内，下面三个球固定并加以载荷，这种方式下的试样接触形式是典型的点接触，可以通过测量摩擦力和接触磨斑直径的变化来评定润滑剂的承载能力；图(b)为环块试验机摩擦副接触方式，这种方式下的接触形式为线接触，通过测量上试样摩擦力大小和磨痕的宽度来评定上试样的摩擦磨损性能；图(c)为端面摩擦磨损试验机的摩擦副接触方式，主要采用面接触形式，上试样加工成环形端面，下试样为待测样品，特别适合于在油润滑和干摩擦条件下，对试样的摩擦磨损性能进行试验检测；图(d)为 PV 摩擦磨损试验机的摩擦副接触方式，主要用来测定轴承合理的配合间隙和 PV 值；图(e)往复摩擦磨损试验机摩擦副接触方式，上试样下试样均加工成块状，上试样以一定速率在下试样表面做往复运动，以此来评定下试样的摩擦磨损性能。目前，已有许多新型的多功能摩擦磨损试验机，他们具有多种试件接触和运动形式，只要更换试件夹具模块，就可以完成多种不同类型的试验和组合试验。

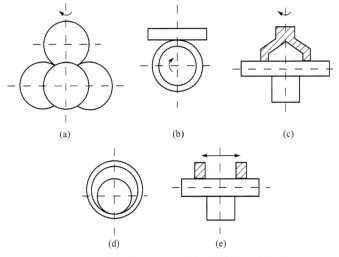

图 7.1　摩擦磨损试验机摩擦副接触运动方式

　　在热冲压过程中，板带与模具的接触情况比较复杂，不同位置的压强不一样，接触方式也不一样，但主要是面对面接触[4]，而摩擦形式主要是高温单向摩擦。综合考虑热冲压过程中的摩擦状态，设计以单向滑动摩擦为运动形式，确定该试验机类型为板带式单向摩擦类型。摩擦接触方式如图 7.2 所示。

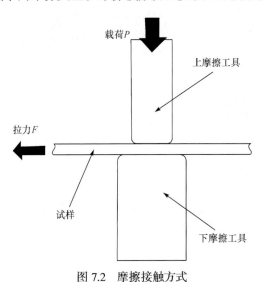

图 7.2　摩擦接触方式

7.2.2　加热系统

　　主要的加热方法有电阻炉加热、电加热管加热、电极加热、高频感应加热。

根据试验需要，加热的金属试样需提前安装固定好，待加热炉达到指定温度后将金属试样插入加热炉中加热，加热保温后直接将其从加热炉中拉出至加载系统中进行加载与摩擦，因此加热系统采用可敞开式的电阻加热炉，并在一端设计开孔以方便金属板带的转移。而加热炉开孔会导致热量散失，所以加热炉采用分段加热设计，以保证炉膛的温度[5]。加热炉如图 7.3 所示。

图 7.3　电阻加热炉

该加热炉炉膛长 600mm，最高加热温度 1000℃，分两段式加热，总功率 4kW。炉膛中放置直径为 9.5mm 的耐高温陶瓷球，用于支撑高温软化的金属试样并在试样转移时支撑其运动并减小摩擦，如图 7.4 所示。

图 7.4　加热炉炉膛中的陶瓷球

7.2.3　拉伸系统和力传感器系统

拉伸系统是试样转移和摩擦的动力，它快速拉动加热保温的金属试样至加载系统中，并在加载后继续拉动金属试样完成摩擦试验，该过程模拟实际热冲压成形工艺中的快速转移及冲压过程。因此，拉伸系统需要具有较高的拉动速度且速度可调。

拉伸系统由步进电机套装和直线导轨滑台(图 7.5)组成。步进电机套装包括步进电机控制器、步进电机驱动器及驱动器开关电源。直线导轨滑台包括滚珠丝杠副、底座和滑块。步进电机通过联轴器与直线导轨滑台相连，控制滑台的运动速度及行程。

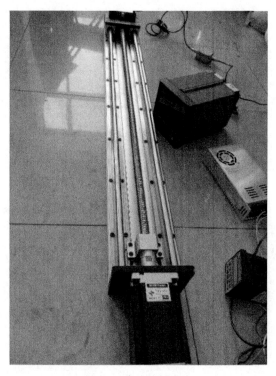

图 7.5　直线导轨滑台

该拉伸系统的滚珠丝杠副导程是 5mm，直线导轨滑台有效行程是 1000mm，最大运行速度是 50mm/s。使用步进电机控制器可预先编辑程序，设置频率和步数用以控制滑台的移动速度和距离。该拉伸系统最快仅需 6.4s 就能将金属板带的加热保温段拉至加载系统中。

因为在拉伸系统中金属试样的摩擦是匀速直线运动，所以拉力即摩擦力，将力传感器系统集成在拉伸系统中，在金属试样摩擦时不仅能实时显示拉力，而且数据能后续复制、查看并进行分析处理[6]。

　　数据采集使用的是 S 型力传感器和高速无纸记录仪，由于需要在金属试样运动时就实时测量拉力，于是设计了一种力传感器安装装置，将 S 型力传感器一端安装固定在滑块上，另一端可与金属试样的一端相连，并且使金属试样的中心和 S 型力传感器的中心在一条水平直线上。力传感器的安装如图 7.6 所示。高速无纸记录仪如图 7.7 所示，可以显示实时数据或查看实时拉力曲线。

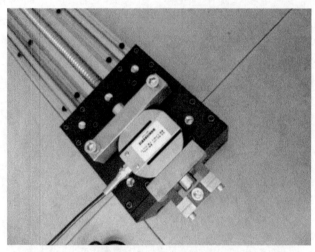

图 7.6　力传感器的安装

图 7.7　高速无纸记录仪

7.2.4　加载系统和冷却系统

　　载荷是摩擦试验机的一个重要参数，试验机在加载过程中除了要保证加载精度，还要保证在摩擦过程中的加载稳定性。表 7.1 给出了不同加载方式的优缺点。

表 7.1　加载方式及优缺点

加载方式	加载类型	优点	缺点
静力加载	重力直接加载	重物容易取得，可重复使用	加载过程需要花费较大劳动力
	杠杆加载	载荷恒定，精度高，加载形式灵活，可放大载荷	不能自动卸载
	液压加载	能产生较大载荷	必须配置各种支撑系统
	气压加载	加载方便，载荷值稳定易控	气温变化易引起载荷波动
动力加载	初位移加载法	适用于动力特性试验	载荷作用时间极为短促
	初速度加载法		

　　总体来说，重力直接加载和杠杆加载的加载机构简单，加载载荷稳定，加载精度高，但需要花费人力操作。液压加载的载荷大，但安装复杂。气压加载方便，但载荷不稳定。综合来看，本试验机选用杠杆加载效果最好，因其具有较高稳定性和加载精度[7]。

　　加载装置装配图如图 7.8 所示。杠杆支杆安装在固定底座上，杠杆与杠杆支杆通过圆柱销连接，定位板通过支撑柱安装在固定底座上方，定位板中间的孔中安装有直线轴承，固定底座中间开有方孔用以嵌入下摩擦工具，而上摩擦工具则是嵌入摩擦工具连接件中后，一起套入直线轴承内，并在受力圆柱和力方向调节球的共同作用下在直线轴承内上下运动。

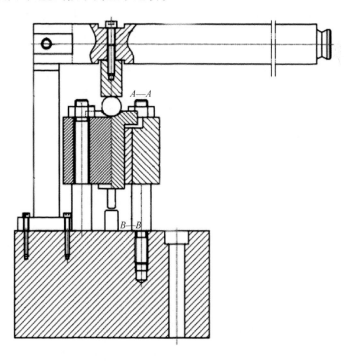

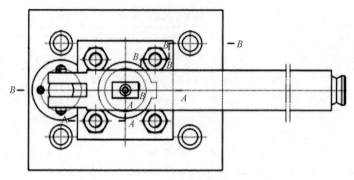

图 7.8　加载系统装配图

上下摩擦工具在试验机中模拟的是热冲压中的模具,采用材料是 H13 热作模具钢。上下摩擦工具在设计上采用嵌入式,避免摩擦过程中的振动旋转,且方便更换。摩擦工具中设计有冷却孔用于通冷却液,模拟热冲压成形工艺中模具的冷却。设计图如图 7.9 和图 7.10 所示。

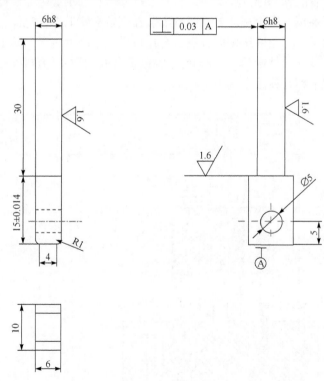

图 7.9　上摩擦工具(单位:mm)

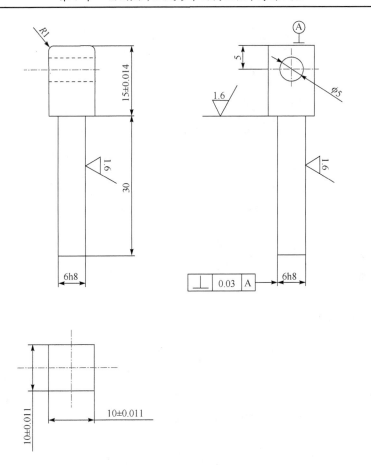

图 7.10　下摩擦工具(单位：mm)

现有的大多数销-盘摩擦磨损试验机虽可实现高温摩擦磨损，但为了保护高温腔，不能实现同步快速冷却功能。已有的直线摩擦磨损试验机是将加热好的板料转移至空气中进行摩擦试验，也没有实现快速冷却功能。针对现有摩擦磨损试验机的不足，该试验机设计了冷却系统，可实现在高温摩擦中进行同步冷却。

冷却系统如图 7.11 所示，在上下摩擦工具的冷却孔上紧固有铜管，铜管两端与细塑料软管连接，进水端的细塑料软管再通过接头与粗塑料软管相连，粗塑料软管再接流量计，并最终连在供水端。这样，摩擦工具在与高温板带摩擦时可通过供水来实现同步快速冷却。

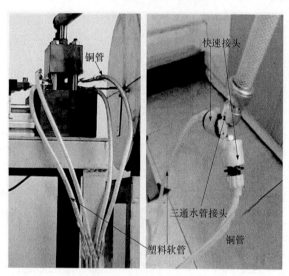

图 7.11　冷却系统实物图

7.2.5　试验机总成

　　试验机实物图如图 7.12 所示。加热系统由高温加热炉、热电偶和温控箱组成。高温加热炉在摩擦试验前对试样进行加热保温，使试样完成奥氏体化。杠杆加载系统由底座、杠杆支杆、杠杆等组成，可以为摩擦试验提供稳定的法向载荷。冷却系统由安装在加载系统中的摩擦工具和冷却通道组成，摩擦工具上有直径 5mm 的冷却孔，冷却孔与铜管连接组成冷却通道，冷却通道在试验中通冷却水以模拟实际热冲压中模具的冷却作用，为高温摩擦过程提供额外的冷却条件。S 型力传感器和高速无纸记录仪共同组成力传感器系统，力传感器一端固定在拉伸系统的

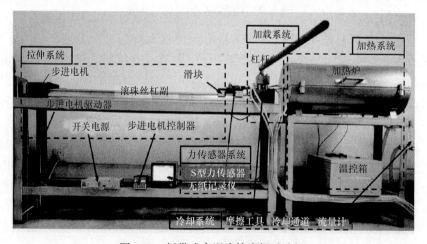

图 7.12　板带式高温摩擦磨损试验机

滑块上,另一端与金属板带试样连接在一起,通过高速无纸记录仪记录高温摩擦过程中的拉力。拉伸系统装配有步进电机,可以为试验机提供动力,并可预先设置移动速度和距离,该系统可以模拟实际热冲压生产中的快速转移过程并可为后续摩擦继续提供动力。

7.3　摩擦系数测量及计算

7.3.1　加热炉恒温区长度测量及试样冷却速率测量

为方便金属试样在试验前放入加热炉中加热,并在加热保温完成后进行快速转移,加热炉的一端设计有高 4mm 宽 25mm 的方孔,以供金属试样进出加热炉,因此加热炉炉膛温度并不均匀,使用 K 型热电偶测得加热炉恒温区长度为394mm。试样在加热炉中加热的示意图如图 7.13 所示,将试样处于恒温区部分作为摩擦试验部分,试样的冷却速率测温点如图中标示。采用热电偶丝缠绕的方式测量试样上测温点温度变化(图 7.14),温度变化及冷却速率如图 7.15 所示,此时金属试样加热后的转移速度为 50mm/s。可以看出,当试样从加热炉中快速转移出来与摩擦工具接触并开始摩擦时,温度下降至大约 830℃,此时摩擦工具与试样温差大且有额外冷却条件,冷却速率达到最大值,且纯模具冷却条件下的冷却速

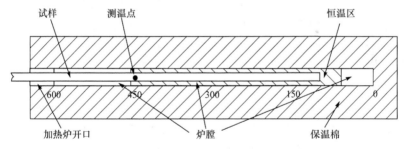

图 7.13　加热炉恒温区示意图(单位:℃)

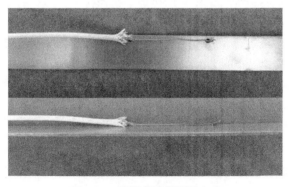

图 7.14　测温点温度测量方法

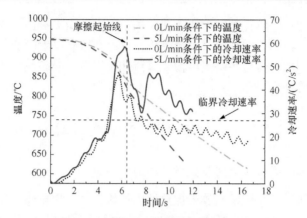

图 7.15　试样测温点的温度和冷却速率

率低于额外冷却条件下的冷却速率。当水流量为 5L/min，试样温度在 600℃以上时，额外冷却条件下的冷却速率仍高于临界冷却速率。

7.3.2　摩擦系数

在超高强度钢板的实际热冲压过程中，首先需将其置于加热炉中，加热至奥氏体化温度并保温一段时间，然后再快速转移至热冲压模具上进行冲压成形，因此超高强度钢板在热冲压成形之前需要经过加热保温和快速转移过程，并且转移过程中或成形前会接触空气导致其温度下降，影响其成形的初始温度。本试验通过加热系统和拉伸系统可以模拟超高强度钢板在成形前的加热和转移过程。

通过步进电机控制器编辑电机频率和脉冲数来控制拉伸系统的运行速度和运行距离。试验前同时编辑转移和摩擦两段行程，在不同参数试验中预设不同的运行速度；设置高温加热炉的温度为 930℃，将试样一端与 S 型力传感器相连，当加热炉温度达到设定温度时，将试样另一端放入加热炉中加热保温 5min；待试样加热完成后，打开冷却系统，调节水流量为 5L/min，然后启动步进电机，拉伸系统以预先设置的转移速度将试样从加热炉中快速拉出，以模拟实际热冲压的快速转移过程；当试样的恒温加热部分到达摩擦工具下方时，加载系统施加所需的法向载荷，同时拉伸系统以预先设置的滑动速度拉动试样完成高温摩擦试验。

高温摩擦试验中，摩擦力由高速记录仪实时记录，选取处于恒温区 300mm 摩擦距离的数据用作摩擦系数的计算。

摩擦系数的计算公式如下：

$$\mu = \frac{F}{2P} \tag{7.1}$$

式中，μ 为摩擦系数；P 为法向载荷；F 为力传感器测得的实时拉力。

平均摩擦系数计算如下：

$$\mu_A = \frac{1}{L_S} \int_{L_0}^{L_S} \mu \mathrm{d}L \tag{7.2}$$

式中，μ_A 为平均摩擦系数；L 为摩擦距离；L_0 为摩擦距离起始点；L_S 为总摩擦距离。

7.4　试验参数

7.4.1　冷却方式

由于大部分模拟热冲压的高温摩擦试验都未考虑在摩擦的同时对试样进行冷却，本章针对该问题所研制的板带式高温摩擦磨损试验机可在高温摩擦时，在摩擦工具中通冷却水对试样进行额外冷却。该部分高温摩擦试验则是对纯模具冷却和额外冷却进行比较。

该部分高温摩擦试验中，纯模具冷却是不通冷却水，直接靠接触的摩擦工具进行冷却，额外冷却则是摩擦时在摩擦工具中通冷却水，水流量为 5L/min。由于转移过程，冲压时板料温度降低至 800℃左右[8]，该试验中选择转移速度为50mm/s，推得初始摩擦时试样的温度为 830℃左右，成形过程中成形速度一般为15~55mm/s[9-11]，摩擦滑动速度设为 15mm/s。具体试验参数见表 7.2。

表 7.2　不同冷却方式的高温摩擦试验参数

编号	水流量/(L/min)	初始摩擦温度/℃	摩擦滑动速度/(mm/s)	法向载荷/N
1	0	830	15	525
2	5	830	15	525

7.4.2　初始摩擦温度

实际热冲压生产过程中，超高强度钢板在成形前会经过快速转移过程，其温度不可避免地会下降，成形阶段的温度区间一般为 600~900℃[11-13]，为了模拟实际热冲压成形过程中的高温摩擦，通过改变转移速度可获取不同的初始摩擦温度。

转移速度和初始摩擦温度的关系采用7.3节中所述的测温方法得到，确定出当转移速度为30mm/s 和15mm/s 时，试样的初始摩擦温度约为730℃和 630℃。摩擦试验前，试样在 930℃下加热保温 5min，然后以不同的转移速度将试样从加热炉中转移至摩擦工具下进行加载，摩擦滑动速度设置为 15mm/s，载荷为525N，如表 7.3 所示。

表 7.3　不同初始摩擦温度的高温摩擦试验参数

编号	水流量/(L/min)	初始摩擦温度/℃	摩擦滑动速度/(mm/s)	法向载荷/N
1	5	830	15	525
2	5	730	15	525
3	5	630	15	525

7.4.3　滑动速度

本节摩擦试验是改变摩擦时的滑动速度(表 7.4)。试验前的加热温度是 930℃，保温时间 5min，初始摩擦温度控制在 830℃左右，法向载荷为 525N，摩擦滑动速度分别是 5mm/s、15mm/s 和 25mm/s。

表 7.4　不同摩擦滑动速度的高温摩擦试验参数

编号	水流量/(L/min)	初始摩擦温度/℃	摩擦滑动速度/(mm/s)	法向载荷/N
1	5	830	5	525
2	5	830	15	525
3	5	830	25	525

7.4.4　法向载荷

热冲压过程中板料与模具间的接触情况较复杂，不同位置的接触压强可能不一样，摩擦系数不同，进而影响试样表面形貌。因此，高温摩擦试验是不同载荷下的对照试验。表 7.5 给出了不同法向载荷的高温摩擦试验参数。

加热炉加热温度为 930℃，试样保温时间为 5min，初始摩擦温度控制在 830℃左右，摩擦滑动速度为 15mm/s，法向载荷分别为 525N、720N 和 910N。

表 7.5　不同法向载荷的高温摩擦试验参数

编号	水流量/(L/min)	初始摩擦温度/℃	摩擦滑动速度/(mm/s)	法向载荷/N
1	5	830	15	525
2	5	830	15	720
3	5	830	15	910

7.5　额外冷却条件下的高温摩擦行为

在实际热冲压成形过程中，成形件的淬火和成形是同时发生的，但大多数高强度钢的高温摩擦研究均不涉及在高温摩擦过程中同时对试样进行冷却，试样温度的变化势必会对摩擦行为产生一定影响。因此，研究额外冷却条件对试样高温摩擦行为的影响，以及额外冷却条件下不同试验参数对高温摩擦行为的影响具有十分重要的意义。

　　基于自行研制的、可实现高温摩擦与试样冷却同时进行的板带式高温摩擦试验机，首先测量了纯模具冷却和额外冷却条件下的高温摩擦系数，分析额外冷却条件对高温摩擦行为的影响。进一步分析在额外冷却条件下，不同初始摩擦温度、不同摩擦滑动速度和不同法向载荷下的高温摩擦系数，研究额外冷却条件下的不同试验参数对高温摩擦行为的影响。探究额外冷却条件下 22MnB5 超高强度硼钢裸板的高温摩擦行为。

7.5.1　额外冷却条件对高温摩擦行为的影响

　　图7.16是在室温下摩擦以及高温加热保温后在不同冷却条件下摩擦的摩擦系数对比图。加热炉温度设置为 930℃，摩擦时法向载荷为 525N，滑动速度为 15mm/s，水流量为 5L/min，试样在 50mm/s 的转移速度下，经转移后的初始摩擦温度大约为 830℃。从图中可以明显看出，在室温下摩擦的摩擦系数要远高于高温下摩擦的摩擦系数。室温下摩擦的平均摩擦系数是 0.525，这可能是试样和摩擦工具间直接的金属接触，导致了比较剧烈的摩擦，因此摩擦系数有较大波动，也较大。相反，高温下的摩擦系数较低，纯模具冷却条件和额外冷却条件下的平均摩擦系数分别为 0.314 和 0.370。研究表明，摩擦系数与温度有很大的关系，当其他参数不变时，摩擦系数随温度升高而降低[14,15]。Hardell 等在进行 22MnB5 硼钢与 30CrMo6 工具钢摩擦试验时，发现当温度从室温升至 400℃时，摩擦系数降低大约 50%。而该试验的转移过程中，高温试样会与大量氧气接触，在表面形成

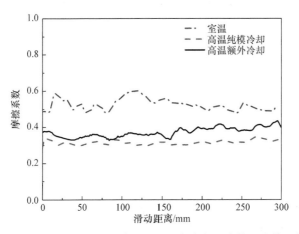

图 7.16　室温下摩擦以及高温不同冷却条件下摩擦的摩擦系数

大量氧化物，这些氧化物对金属试样表面起到保护作用，避免了金属与金属间的直接接触[16,17]，并在摩擦过程中具有润滑作用[18]，减小了摩擦，因此高温下的摩擦系数低于室温下的摩擦系数。

在额外冷却条件下，试样表面粗糙度 Ra 大约为 17.356μm，这可能是额外冷却条件的作用导致温度急剧变化，从而影响氧化物的生长或造成其剥落，而一部分氧化物碎屑又会形成堆积，随后被压实烧结在试样表面，使试样表面凹凸不平，表面平整性降低，造成摩擦系数增大；在纯模具冷却条件下，试样表面粗糙度 Ra 大约为 15.325μm，这可能是由于温度变化缓慢，对试样表面氧化物层影响较小，不容易剥落，大片覆盖在试样表面，起到很好的保护及润滑作用，因此其摩擦系数相对于额外冷却条件下的稍低。

7.5.2　初始摩擦温度对高温摩擦行为的影响

试样在 930℃的加热炉中加热并保温 5min 后，在不同的转移速度下，即加热后的试样经过不同的转移时间，温度分别降至大约 830℃、730℃和 630℃，再进行摩擦试验，测得的摩擦系数如图 7.17 所示，摩擦试验中的法向载荷为 525N，滑动速度为 15mm/s，冷却水流量控制在 5L/min 以获得相同的额外冷却条件。从图中可以看出，尽管经不同时间转移冷却后，试样具有不同的摩擦初始温度，但其摩擦系数区别不大，初始摩擦温度为 830℃、730℃和 630℃时，平均摩擦系数分别为 0.371、0.376 和 0.393。

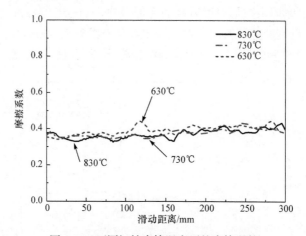

图 7.17　不同初始摩擦温度下的摩擦系数

高温下裸板的摩擦系数与其表面形成的氧化物有很大关系，试验中试样的加热温度和保温时间相同，从加热炉中转移出来时温度也大致相同，同样接触大量氧气形成了大量氧化物，这些氧化物在后续摩擦中起到相同的保护和润滑作用，因此其摩擦系数差别不大。同时，试样表面粗糙度差别也不大，初始摩擦温度为830℃、730℃和630℃时，试样表面粗糙度 Ra 大约为17.356μm、20.600μm和22.253μm，但初始摩擦温度为630℃，摩擦距离约120mm处的表面粗糙度 Ra 大约为37.232μm，说明此摩擦距离附近出现了较凸出的氧化物烧结，引起了摩擦系数的突然升高。

7.5.3　滑动速度对高温摩擦行为的影响

保持加热温度和保温时间不变，摩擦前的转移速度选取50mm/s，即初始摩擦温度大约为830℃，摩擦中的法向载荷仍为525N，冷却水流量保持5L/min不变，仅改变摩擦时的滑动速度得到的摩擦系数如图7.18所示。由图明显可以看到，滑动速度为5mm/s时的摩擦系数较高，且摩擦系数呈锯齿状波动，其平均摩擦系数为0.483，而在15mm/s和25mm/s的滑动速度下，摩擦系数差别不大，平均摩擦系数分别为0.371和0.384。

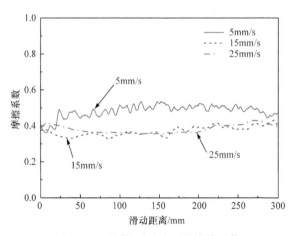

图 7.18　不同滑动速度下的摩擦系数

因为加热保温以及转移时间等条件相同，所以摩擦前试样表面所形成的氧化物状态也大致相同，而在摩擦中，5mm/s的滑动速度下试样表面粗糙度 Ra 大约为29.600μm，可能较慢的摩擦滑动速度导致了较长的受载时间，更容易使试样表面氧化物被压碎并随着摩擦的进行被剥落掉或形成黏结堆积，于是造成试样表面凹凸不平，使摩擦系数呈现锯齿状波动；而滑动速度15mm/s和25mm/s的条件下，试样表面粗糙度 Ra 大约为17.356μm和20.311μm，这可能是因为较快的摩擦速度不容易使氧化物形成小块堆积，对试样表面形貌影响较小，所以整体表面一致性较好，摩擦系数较小且波动不大。

7.5.4　法向载荷对高温摩擦行为的影响

保持加热温度、保温时间、冷却水流量不变，转移速度选取 50mm/s，滑动速度选取 15mm/s。当试样完成加热保温后，经转移以大约 830℃的初始摩擦温度在不同法向载荷下进行摩擦试验后，得到的摩擦系数如图 7.19 所示。由图可以明显看出，随着法向载荷的增加，摩擦系数变大，载荷 525N、720N 和 910N 条件下的平均摩擦系数分别为 0.371、0.535 和 0.625。

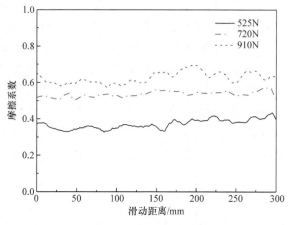

图 7.19　不同载荷下的摩擦系数

随着法向载荷的增大，试样表面粗糙度 Ra 大约为 17.356μm、14.741μm 和 19.377μm，并无明显规律，在其他条件不变的情况下，载荷的增大可能会使试样表面的氧化物层破碎得更为严重，并在摩擦过程中造成氧化物保护层大量剥落，使金属基体大面积暴露，使粗糙度变小，但金属基体的直接接触导致了更为剧烈的摩擦，所以在大载荷的情况下才表现出来摩擦系数也大。

本节使用自行研制的板带式高温摩擦试验机，研究高温试样在不同冷却条件下的高温摩擦行为，对比纯模具冷却和额外冷却条件下试样的高温摩擦系数，进一步研究额外冷却条件下不同初始摩擦温度、不同摩擦滑动速度和不同法向载荷对高温摩擦行为的影响，得到的结论如下。

(1) 室温条件下，金属直接接触，摩擦相对较剧烈，其摩擦系数较大；而高温下的摩擦，由于试样表面生成有保护性的氧化物层，其摩擦系数较小。高温摩擦条件下，相对于额外冷却条件，纯模具冷却条件下的试样温度变化较慢，而试样温度较高，更有利于表面氧化物生长，且试样表面粗糙度相对较低，摩擦界面平整性较好，因此其摩擦系数也相对较小。

(2) 在额外冷却条件下，高温摩擦前试样表面已形成大量氧化物，这些氧化物在摩擦过程中能保护试样表面并起到润滑作用，因此在热冲压的成形温度区间内，初始摩擦温度对 22MnB5 超高强度硼钢裸板的摩擦系数影响不明显。

(3) 滑动速度在一定程度上会影响 22MnB5 超高强度硼钢裸板的高温摩擦行为。当滑动速度较小时，可能试样表面受载时间较长，更容易造成试样表面氧化物破碎或黏结堆积，增大粗糙度和剪切力，使摩擦系数较大；而当滑动速度较大时，可能试样表面氧化物受载时间短，不容易被破坏，能在摩擦界面中起到较好的支撑作用，且试样表面氧化物层较平整，因而摩擦系数较小。

(4) 随着法向载荷的增大，摩擦系数也增大，但试样表面粗糙度没有明显规律，这可能是因为：一方面较大的载荷会使试样表面更平整或造成保护性氧化层破碎脱落而露出平整的金属基体，金属基体裸露后与 H13 热作模具直接接触会不利于摩擦；另一方面，较大的载荷可能使氧化物磨屑产生黏结或嵌入基体，对摩擦造成阻力，使摩擦系数增大。

7.6 额外冷却条件下的高温摩擦机理

目前，大多数高强度钢的高温摩擦机理研究都是在恒温或纯模具冷却条件下进行分析的，而实际热冲压过程包括成形件的奥氏体化、快速转移和成形淬火过程，且额外冷却条件必然会对高温摩擦机理产生一定影响。为了更准确明晰实际热冲压生产工艺中的高温摩擦机理，需要模拟实际热冲压的生产过程，分析研究超高强度钢板的高温摩擦机理。

为了研究额外冷却条件下超高强度钢板的高温摩擦机理，主要通过 SEM 从微观上对高温摩擦过后的试样表面和截面进行观察，分析试样表面形貌、氧化物分布、氧化物堆积厚度等，结合 XRD 分析氧化物种类和成分，研究额外冷却条件对高温摩擦机理的影响，以及在额外冷却条件下，不同初始摩擦温度、不同摩擦滑动速度和不同法向载荷对高温摩擦机理的影响。

7.6.1 额外冷却条件对高温摩擦机理的影响

图 7.20 是在 525N 的法向载荷和 15mm/s 的滑动速度下，试样在纯模具冷却条件和额外冷却条件下摩擦试验后的表面形貌。从图中可以明显看出，试样表面有一层被压实的氧化层以及滑动摩擦痕迹。图 7.21 是试样高温摩擦后表面的 XRD 图。经分析，在额外冷却条件下，试样表面氧化物的成分为 FeO、Fe_2O_3 和 Fe_3O_4 三者混合物，成分比例大约为 $1:19:18$，而纯模具冷却条件下氧化物成分只有 Fe_2O_3 和 Fe_3O_4，成分比例大约为 $1:0.77$。根据相关文献[19]，虽然 FeO 不稳定，但经淬火过程能保留下来，而纯模具冷却条件下温度变化缓慢，所以在此冷却条件下已不存在 FeO。

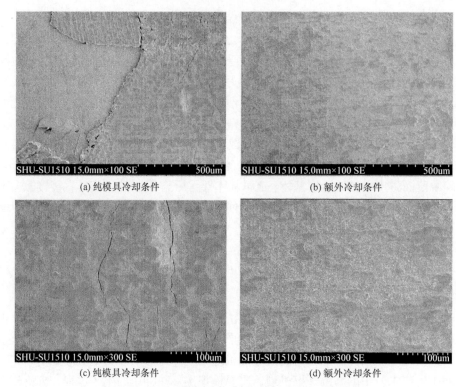

图 7.20　高温摩擦试验后试样表面形貌的扫描电镜图

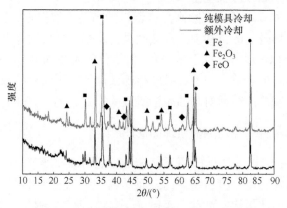

图 7.21　不同冷却条件下试样表面的 XRD 图

在 600～800℃，FeO、Fe_2O_3 和 Fe_3O_4 的热膨胀系数有较大差别，Fe_2O_3 的热膨胀系数大约为 $12.5×10^{-6}$/℃，Fe_3O_4 的热膨胀系数(大约 $15×10^{-6}$/℃)接近 Fe 在 800℃的热膨胀系数($14.6×10^{-6}$/℃)，FeO 的热膨胀系数大约为 $17×10^{-6}$/℃[19]。在纯模具冷却条件下，氧化物只有最外层的 Fe_2O_3 和接近铁基体的 Fe_3O_4，而由于温度变化缓慢，氧化物层不容易翘起脱落，大片覆盖在试样表面，起到很好的保护及润滑作用。从图 7.20(a)中可以看出，在纯模具冷却条件下，试样表面的氧化层仅出现部分剥落，其余氧化层则被压实烧结在试样表面形成保护层，避免了试样和摩擦工具的直接接触所造成的剧烈摩擦，并在摩擦过程中起到润滑作用以减小摩擦。同时，由于载荷和滑动摩擦的影响，试样表面的氧化层出现了裂痕，有被剥落的趋势，如图 7.20(c)所示。相反，在额外冷却条件下，由于 FeO 形成在金属和 Fe_3O_4 之间[16]，FeO 的热膨胀系数又较大，且温度变化较快，于是这些形成在试样表面的氧化层极易破裂，会在摩擦过程中产生剥落，而氧化物剥落的区域会造成金属基体裸露，故金属基体与摩擦工具接触的区域产生了剧烈摩擦。在此过程中，一部分剥落的氧化物碎屑会形成堆积被压实烧结在试样表面，呈小块分布，而在氧化层脱落的区域则是由重新生成的致密的小颗粒氧化物覆盖，这样的形貌造成试样表面粗糙度增加，使摩擦系数增大。

　　试样截面的扫描电镜图如图 7.22 所示。可以看出，在纯模具冷却条件下，被压实烧结在试样表面的氧化层较连续，平均厚度约为 52.85μm。另外，在额外冷却条件下，试样表面的氧化层较分散也较薄，氧化物压实烧结处的平均厚度约为 37.22μm。这些形成在试样表面被压实烧结的氧化层能在摩擦过程中起到保护和润滑作用，但纯模具冷却条件下的氧化层剥落较少，形成的覆盖面积较大，与额外冷却条件下的结果相比其保护和润滑作用更好，因此纯模具冷却条件下的摩擦系数也稍低。

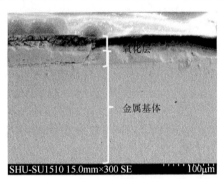
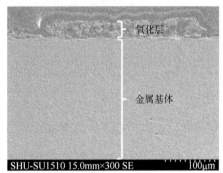

(a) 纯模具冷却条件　　　　　　　　　　　　(b) 额外冷却条件

图 7.22　高温摩擦试验后试样截面的扫描电镜图

　　总体来说，与纯模具冷却条件相比，额外冷却条件下的摩擦系数相对较大，这可能是因为在额外冷却条件下，试样表面的氧化层分布不均匀且厚度较薄。相反，在纯模具冷却条件下，试样表面的氧化层较厚且覆盖面积较大，这更有利于保护试样表面并减小摩擦。

7.6.2　初始摩擦温度对高温摩擦机理的影响

　　在试验中，板带从高温炉中移出后会接触大量空气，快速形成氧化层，经转移接触摩擦工具后，在一定法向载荷和滑动速度下，氧化层会发生破碎并堆积压实在试样表面，初始摩擦温度为 830℃、730℃ 和 630℃ 时，堆积氧化物的平均厚度大约是 42.53μm、41.07μm 和 44.16μm。从图 7.23 可以看出，氧化物碎屑堆积在基体上，这些堆积的氧化物在摩擦界面会起到支撑作用，隔离基体与摩擦工具的直接接触，并在摩擦过程中起到润滑作用，同时这些堆积氧化物的顶层较平整，三种初始摩擦温度下形成的氧化物层厚度基本相当，因此其摩擦系数差别不大。

另外，形成的铁氧化物极其依赖温度。FeO 在 570℃ 下时虽不稳定，但经淬火过程能保留下来，因此试样表面氧化物成分为 FeO、Fe_2O_3 和 Fe_3O_4 的混合物，它们在摩擦过程中混合在一起发挥保护和润滑作用。根据相关文献[20]，摩擦中 Fe_2O_3 和 Fe_3O_4 都能起到有效的减摩作用，其中 Fe_3O_4 的减摩作用更好。除此之外，氧化物的剥落也对摩擦有关键影响作用。由于 FeO 形成在金属和 Fe_3O_4 之间，当温度在 600~800℃ 时，FeO 的热膨胀系数(约 $17×10^{-6}/℃$)与 Fe 的热膨胀系数(约 $14.6×10^{-6}/℃$)和 Fe_3O_4 的热膨胀系数(约 $15×10^{-6}/℃$)相差较大，于是在额外冷却条件下，温度的急剧变化会导致试样表面氧化物层在滑动中容易破裂，因此图 7.23 所示的横截面上氧化层均出现不同程度的裂纹。

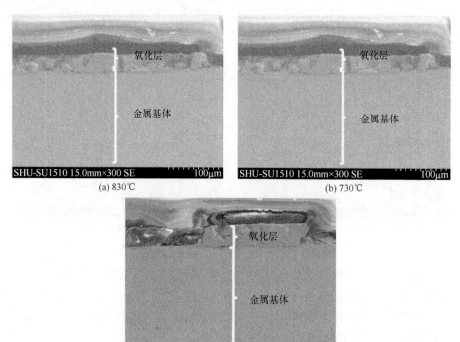

图 7.23　试样在不同初始摩擦温度下的表面和截面的 SEM 图

7.6.3　滑动速度对高温摩擦机理的影响

在该摩擦试验中，当滑动速度为 5mm/s 时，由于滑动速度较低，摩擦前形成在试样表面的氧化层与摩擦工具接触时间变长，更容易被压碎，在试样表面形成小块氧化碎屑堆积，由图 7.24(a)可明显观察到氧化物堆积分散且覆盖面积较小，堆积处的氧化物厚度不均匀，为 37~55μm，形成凹凸不平的表面形貌，造成摩擦界面平整性较差，因此其摩擦系数较大且不稳定。当滑动速度为 15mm/s 时，从图 7.24(b)可以看到，试样表面的氧化物分布增多，且氧化物堆积块覆盖增大，从截面扫描图可以看出，氧化物堆积厚度比较均匀，顶层较平整，其平均厚度大约为 42.53μm。当滑动速度为 25mm/s 时，由于滑动速度更快，可以看到试样表面的氧化层在摩擦时得以较多地保留并形成面积较大的堆积块。从图 7.24(c)可明显看出试样表面氧化物层破碎，但大量保护性氧化物层都保留在了试样表面，从截面 SEM 图可以看到比较均匀平整的氧化物堆积，其平均厚度大约为 45.07μm，平整均匀的保护性氧化层能够在摩擦过程中在摩擦界面起到支撑块作用，避免试样基体与摩擦工具直接接触，更有利于摩擦。

因此，大面积覆盖的保护性氧化层能在摩擦过程中保护金属试样，起到润滑作用，从而很好地减小摩擦。此外，氧化物层的平整性可以减小试样表面粗糙度，也对摩擦改善有至关重要的作用。

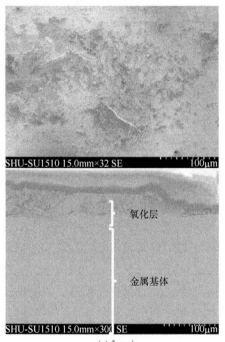

(a) 5mm/s　　　　　　　　　　　　　　　(b) 15mm/s

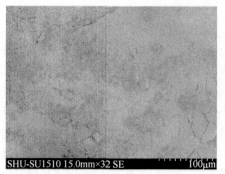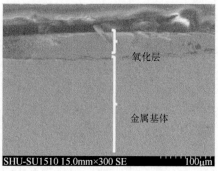

氧化层

金属基体

(c) 25mm/s

图 7.24　试样在不同滑动速度下的表面和截面的 SEM 图

7.6.4　法向载荷对高温摩擦机理的影响

Chang 等[21]在研究中发现，在一定载荷下，形成的平整的氧化物磨屑有利于摩擦。Hardell 等[22]在研究中指出，在单向滑动摩擦中，保护性氧化层的形成高度依赖接触界面保留磨屑的能力。在图 7.25(b)、(c)中可以明显观察到，720N 和 910N 载荷条件的摩擦界面下，试样表面的氧化物几乎都被摩擦移除，只有零星分布的被压实的小块氧化物堆积，且试样表面出现明显划痕。

在该试验中，载荷 525N、720N 和 910N 所产生的压强分别约为 13MPa、18MPa 和 23MPa。在图 7.25 中可以明显看出，525N 载荷下，试样表面还分散着小块氧化物层。从截面 SEM 图也可看出，堆积氧化物比较均匀平整，其平均厚度大约是 42.53μm；观察 720N 载荷条件下的试样表面[图 7.25(b)]，可以明显观察到试样表面的氧化物大部分被去除，而从截面可观察到氧化物的堆积非常不均匀，最高处厚度约为 73.47μm；观察 910N 载荷条件下的试样表面，可以发现，氧化物在试样表面保留更少，仅有零星分布的被压实的小块氧化物堆积。从截面可以看到氧化物的堆积也极其不均匀，最高处的厚度约为 70.53μm。同时，从截面 SEM 图中可看出，720N 和 910N 载荷条件下堆积的氧化物较碎，说明在较大载荷下，试样表面并没有形成平坦光滑的氧化物堆积层，因为存在较大载荷，大片氧化物层破碎并剥落，破碎氧化层形成的氧化物碎屑在较大载荷下被紧紧地压实烧结后零星分布在表面，造成表面平整性降低，而氧化物剥落区域则造成金属基体裸露并与摩擦工具直接接触，产生剧烈摩擦且出现明显划痕，相比于 720N 和 910N 载荷条件下试样表面的划痕更多更长[图 7.25(c)]。这也说明载荷较大时，氧化物碎屑产生堆积后可能嵌入软化的金属基体中，并随摩擦移动，在基体上产生划痕，对摩擦造成阻碍，使摩擦系数增大。

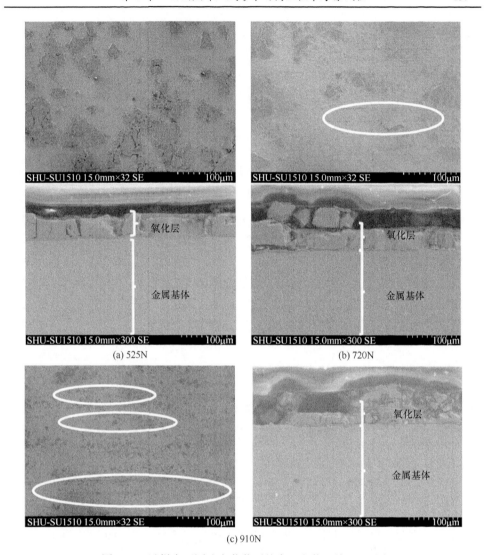

图 7.25　试样在不同法向载荷下的表面和截面的 SEM 图

本节借助自行研制的可模拟实际热冲压合模初期的高温板带式摩擦试验机,对比研究了 22MnB5 超高强度硼钢裸板在纯模具冷却条件和额外冷却条件下的高温摩擦机理,并进一步研究了其在不同初始摩擦温度、不同滑动速度和法向载荷条件下的高温摩擦机理。

(1) 在额外冷却条件下,试样表面氧化物层在温度急剧下降的情况下极易破裂,并在摩擦过程中发生剥落,这些剥落的氧化物极易堆积并在载荷作用下压实在试样表面,降低试样表面一致性。此外,试样表面剥落区域会暴露出金属基体,与摩擦工具接触产生剧烈摩擦,造成摩擦系数增大;对于纯模具冷却条件,温度缓慢变化,试样表面的氧化物层不易翘起脱落,仅会出现小面积剥落,大部分被压实在试样表面形成保护层,在高温摩擦中起到一定的保护和润滑作用,避免了试样基体与摩擦工具表面的直接接触,从而减小摩擦。

(2) 在热冲压成形的温度区间内,对于不同的初始摩擦温度,试样在高温加热和摩擦试验前的转移过程中接触空气并在表面迅速形成大量氧化物,尽管初始摩擦温度不同,但试样表面的氧化物在相同法向载荷和滑动速度下堆积在试样表面的厚度基本相当,发挥相同的保护和润滑作用。因此,初始摩擦温度对 22MnB5 裸板的高温摩擦机理影响不大。

(3) 在不同滑动速度下,试样表面的氧化物分布和堆积会有不同表现。当滑动速度为 5mm/s 时,表面氧化物的分布较分散且堆积厚度不均匀,表面一致性较差,会增加摩擦阻力。当滑动速度增大时,试样表面氧化物的分布也增大且堆积厚度均匀,有利于摩擦。

(4) 随着法向载荷增大,更多表面氧化物发生剥落,使金属基体直接接触,造成剧烈摩擦,同时部分脱落的氧化物堆积在表面,造成表面粗糙度增大或在摩擦过程中嵌入高温软化的金属基体,随着法向载荷增大,试样表面划痕更多更长。

参 考 文 献

[1] 范国文. 超高强度硼钢热冲压关键影响因素数值分析[D]. 长春: 吉林大学, 2013.

[2] 李辉平, 赵国群, 张雷. 超高强度钢板热冲压及模内淬火工艺的发展现状[J]. 山东大学学报 (工学版), 2010, 40(3): 69-74.

[3] 刘立平. 往复式摩擦磨损试验机的研制[D]. 兰州: 兰州理工大学, 2006.

[4] 田晓薇. 超高强钢板热冲压成形过程的摩擦行为研究[D]. 武汉: 华中科技大学, 2011.

[5] 常宏杰, 杨宜平, 岳彦芳. 高精度电阻加热炉控制系统设计[J]. 铸造技术, 2007, 28(9): 1266-1268.

[6] 谢燊, 毕监勃. 无纸记录仪技术的现状及发展趋势[J]. 自动化博览, 2001, 18(3): 1-4.

[7] 朱峰. 对置往复式摩擦磨损试验机研制及其试验[D]. 大连: 大连海事大学, 2011.

[8] Hardell J, Pelcastre L, Prakash B. High-temperature friction and wear characteristics of hardened ultra-high-strength boron steel[J]. Proceedings of the Institution of Mechanical Engineers, Part J: Journal of Engineering Tribology, 2010, 224(10): 1139-1151.

[9] 王剑峰. 国内外高强度汽车板热冲压技术现状研究[J]. 现代制造, 2009, (36): 129.

[10] Yanagida A, Azushima A. Evaluation of coefficients of friction in hot stamping by hot flat drawing test[J]. CIRP Annals-Manufacturing Technology, 2009, 58(1): 247-250.

[11] 盈亮. 高强度钢热冲压关键工艺试验研究与应用[D]. 大连:大连理工大学, 2013.

[12] 陈龙. 汽车超高强度硼钢板热冲压成形工艺研究[D]. 合肥: 合肥工业大学, 2013.

[13] 谭志耀. 超高强度钢板热冲压成形基础研究[D]. 上海: 同济大学, 2006.

[14] Hardell J, Kassfeldt E, Prakash B. Friction and wear behaviour of high strength boron steel at

elevated temperatures of up to 800°C[J]. Wear, 2008, 264(9): 788-799.

[15] Mozgovoy S, Hardell J, Deng L. Effect of temperature on friction and wear of prehardened tool steel during sliding against 22MnB5 steel[J]. Tribology-Materials, Surfaces & Interfaces, 2014, 8(2): 65-73.

[16] Stott F H. The role of oxidation in the wear of alloys[J]. Tribology International, 1998, (31): 61-71

[17] Fontalvo G A, Mitterer C. The effect of oxide-forming alloying elements on the high temperature wear of a hot work steel[J]. Wear, 2005, 258(10): 1491-1499.

[18] Mu Y, Wang B, Huang M. Investigation on tribological characteristics of boron steel 22MnB5-tool steel H13 tribopair at high temperature[J]. ARCHIVE Proceedings of the Institution of Mechanical Engineers, Part J: Journal of Engineering Tribology, 2016, 231(2): 1994-1996.

[19] Takeda M, Onishi T, Nakakubo S. Physical properties of iron-oxide scales on Si-containing steels at high temperature[J]. Materials Transactions, 2009, 50(9): 2242-2246.

[20] 陈康敏, 王树奇, 杨子润. 钢的高温氧化磨损及氧化物膜的研究[J]. 摩擦学学报, 2008, 28(5): 475-479.

[21] Chang Y, Tang X H, Zhao K M. Investigation of the factors influencing the interfacial heat transfer coefficient in hot stamping[J]. Journal of Materials Processing Technology, 2014, 228: 25-33.

[22] Hardell J, Hernandez S, Mozgovoy S. Effect of oxide layers and near surface transformations on friction and wear during tool steel and boron steel interaction at high temperatures[J]. Wear, 2015, 330: 223-229.